卡耐基全集

快乐的人生

[美] 戴尔·卡耐基 著
华 斌 编译

中国社会出版社
国家一级出版社★全国百佳图书出版单位

图书在版编目(CIP)数据

快乐的人生／(美)戴尔·卡耐基著;华斌编译.—北京:中国社会出版社,2017.5

(卡耐基全集)

ISBN 978-7-5087-5661-5

Ⅰ.①快… Ⅱ.①华… Ⅲ.①人生哲学-通俗读物Ⅳ.①B821-49

中国版本图书馆CIP数据核字(2017)第095544号

丛 书 名:卡耐基全集
书　　名:快乐的人生
著　　者:(美)戴尔·卡耐基
编 译 者:华　斌

出 版 人:浦善新
终 审 人:李　浩
责任编辑:陈　琛
总 策 划:马　强
策　　划:王　宁　田　灿
责任校对:杜　淼

出版发行:中国社会出版社
邮政编码:100032
通联方式:北京市西城区二龙路甲33号
电　　话:编辑部:(010)58124835
　　　　　邮购部:(010)58124836
　　　　　　　　　(010)58124838
网　　址:www.shcbs.com.cn
　　　　　shcbs.mca.gov.cn
经　　销:各地新华书店

中国社会出版社天猫旗舰店

印刷装订:北京市艺辉印刷有限公司
开　　本:155mm×210mm　1/16
印　　张:12
字　　数:186千字
版　　次:2017年7月第1版
印　　次:2017年7月第1次印刷
定　　价:25.00元

中国社会出版社微信公众号

前　言

戴尔·卡耐基是美国现代成人教育之父，20世纪最伟大的人生导师、成功学大师和公共关系学家。1888年11月24日，卡耐基出生在美国密苏里州一个贫穷的农民家庭，1955年11月1日逝世，终年67岁。

卡耐基曾经是一名推销员，但他为了赚取生活费，又到夜校教公开演讲课。他的公开演说，不仅讲解演说术的历史和演说的原理，更主要的是采取启发式，由他和学员们共同参与实施，专门设计以实践的经验来训练人思考。

卡耐基在此教学期间，他对人性问题进行了深入研究，对人类共同的心理特点进行了探索和分析，在此基础上开创了全新的成人教育领域，主要包括为人处世、人际关系、智力开发、口才演讲、成功推销等问题，并创立了自己的成人教育机构传授这些全新的知识。

卡耐基的成人教育是一套系统而完善的实战教育，操作简单而易懂，能够迅速帮助人走向成功。他的成功主要体现在能够帮助人们在处世上获得自尊、自重、自信和勇气，在事业上能够克服人性的弱点，发挥人性的优点，开发自我的潜能，使人们不断自我激励并建功立业，实现人生的价值和快乐的人生。

成人教育这个职业使卡耐基蜚声世界，他独创的教学方法使他事业蒸蒸日上，他创立的成人教育机构遍布世界各地，多达2000余所。接受这种教育的，不仅有名星巨商，也有军政要人、内阁成员，甚至还有几位总统，人数多达几千万，影响了20世纪几代人的成长。

卡耐基根据自己的研究和教学，撰写了《人性的光辉》《人性的弱点》《美好的人生》《伟大的人物》《人性的优点》《语言的突破》《快乐的人生》《写给女人的忠告》等著作。

《人性的光辉》是卡耐基最感人的著作。他以其感人至深的笔触，描述了美国史上最伟大总统、影响美国的100位人物第一人林肯这位平民总统传奇色彩的一生，使一个神情忧郁、百折不挠、品德高尚、满怀仁慈之心的林肯形象在我们面前呼之欲出，栩栩如生。

《人性的弱点》汇集了卡耐基的思想精华和最激动人心的内容，是作者最成功的励志经典，出版后获得了广大读者欢迎，成为西方世界最持久的人文畅销书之一。无数读者通过阅读和实践书中介绍的各种方法，不仅走出了困境，有的还成为世人仰慕的杰出人士。只要不断研读本书，发掘自己无穷潜力，定会创造辉煌的人生。

《美好的人生》是卡耐基代表作之一，它教人们怎样用智慧经营人生。作品以简单明了的道理结合生动真实的具体事例，告诉我们怎样经营家庭生活，怎样减轻人生压力，如何增强交际能力，如何与人和睦相处等，从而获得美好生活。这是一本关于幸福的书！是通往美好人生路的导航灯！

《伟大的人物》是所有成功励志书籍中最有力量的读本之一。作品写到的爱因斯坦、甘地、丘吉尔、哥伦布、莎士比亚、迪士尼、海伦·凯勒等世界名人，永远塑造和影响着我们的生活，他们的奋斗精神经卡耐基的精彩描述，十分耐人寻味。

《人性的优点》是卡耐基一生中最重要、最生动的人生经验汇集，也是一本记录成千上万人如何摆脱心理问题并走向成功的实例汇集。本书被誉为“克服忧虑获得成功的必读书”和“世界励志圣经”。这本充满智慧和力量的作品能让你了解自己，相信自己，充分开发蕴藏在身心里尚未利用的能量，并发挥人性的优点，去开拓成功幸福的新生活之路。

《语言的突破》是卡耐基的成名作，长期以来作为“卡耐基公开演讲与人际关系课程”的主要教科书之一，被广泛应用，成为卡耐基最畅销的著作之一。作品所阐述的演讲模式，融合了公开演说术、推销术、心理学和商业谈判技巧等，指导人们如何克服畏惧，建立自信，顺乎自然地发挥潜在智能，在各种场合下发表恰当的谈话，从而获得人生和商业上的成功。

《快乐的人生》是卡耐基的代表作之一，它教给人们怎样利用智慧经营人生。作品以简单明了的道理并结合生动真实的具体事例，向读者介绍了如何培养平安快乐的心理、如何免受批评的忧虑、如何把握工作和金钱并快乐生活的真实故事。

《写给女人的忠告》讲述了许多鲜活生动的事例，并以独特的视角，分析了女性认识自我、完善人格、提升魅力需具备的诸多要素，并从魅力、能力、心态、交际、情感、财商六个角度总结出成就女人一生幸福的方法和原则。作品以睿智的笔触，为女性缔造成熟之美、塑造气质之美、点燃魅力之灯、撷取幸福之花，提供了切实可行的人生指导和精神启迪。

这些作品是卡耐基哲学思想的集中体现，自问世以来，强烈震撼着人们的灵魂，一直在全球畅销不衰，激励着千千万万的人们走向成功！

美国《纽约时报》报道说：“在世界出版史上，没有任何一本书能像卡耐基的著作那样持久深入人心，也唯有卡耐基的书，才能在他辞世半个世纪以后，还能占据我们的排行榜。”

美国总统肯尼迪曾经说过：“卡耐基留给我们的不仅仅是几本书和一所学校，其真正的价值是：他把个人的成功传授给了每一个想出人头地的年轻人。”

目　录

第 1 章　培养快乐的心理

第 2 章　摆脱烦恼的困扰

第 3 章　怎样使你变成熟

第 4 章　平安快乐有秘诀

第1章　培养快乐的心理

当你饱受各种烦恼困扰，整个人的精神都紧张不安的时候，我想告诉你的是，你完全可以凭借自己的意志力来改变你的心境，使自己快乐起来。

其实，我们内心的平静，和我们由生活所得到的快乐，并不在于我们在哪里、我们有什么，或者我们是什么人，而只在于我们的心境如何。心境与外在的条件关系并不相同。

我们或许不能像圣人般去爱我们的仇人，可是为了我们自己的健康和快乐，我们至少要原谅他们，忘记他们。这样做才是聪明之举。

因为别人都忘恩负义，因为孤独，因为被人疏忽而生病，他们渴望得到爱。但是在这世上真正能得到爱的唯一方式，不是索求，更不是乞求，而是无私地付出，无怨无悔地付出。

叔本华说："我们很少想我们已经拥有的，而总是想到我们所没有的。这种倾向实在是世界上最令人不幸的事情之一，它所造成的痛苦可能比历史上所有的战争和疾病要多得多。"

假若我们想的都是快乐的念头，我们就能快乐；假若我们想的都是悲伤的事情，我们就会悲伤；假若我们想到一些可怕的情况，我们就会害怕；假若我们想的是恐惧的念头，我们必定就会恐惧了；假若我们想的是失败，我们就会失败；如果我们沉浸在自怜里，大家都会有意躲开我们。

快乐就在自己心中

有一次，我应邀参加一个电台的广播节目，他们向我提了一个问题：“你所学到的最重要一课是什么？”

这不难回答，我所学到的最重要一课——人的思想的重要性。只要知道你在想些什么，就知道你是怎样的一个人，因为每个人的特性都是由思想支配的。每个人的命运，完全决定于他的心理状态。爱默生说：“人是思想的产物……他不可能是别的样子。”

我很清楚，我们所必须面对的最大问题——事实上可以算是我们必须应付的唯一问题——是选择正确的思想。如果我们能做到这一点，所有的问题就会迎刃而解。

统治罗马的皇帝马卡斯·奥理欧斯不但是位杰出的领导者，而且还是一位伟大的哲学家，他用一句话进行了总结：“思想决定一生。”这是一句能够决定命运的精辟见解。

假若我们想的都是快乐的念头，我们就能快乐；假若我们想的都是悲伤的事情，我们就会悲伤；假若我们想到一些可怕的情况，我们就会害怕；假若我们想的是恐惧的念头，我们必定就会恐惧了；假若我们想的是失败，我们就会失败；如果我们沉浸在自怜里，大家都会有意躲开我们。诺曼·文生·皮尔说："你并不是你所认为的那样，但你却是你所想的那样。"

我并不是暗示你对于所有的困难都必须采取乐观的态度。

不是的，人生还不至于如此单纯。不过，我却鼓励大家要有一个正确的态度，而不应有阴暗的心理。换句话说，我们必须关注我们的问题，但决不能忧虑。

关注和忧虑之间的分别是什么呢？让我再说清楚一点。每一次我要通过交通拥挤的纽约市街时，我就会全神贯注——可是并不会忧虑。关注的意思就是要了解问题在哪里，然后很镇定地采取各种步骤去加以解决，而忧虑却是在封闭的圈子里转悠。

一个人可能正面临很严峻的问题，但此时并不妨碍他昂首阔步，正常度日。我的朋友罗威尔·托马斯就是这样做的。有一次，我协助罗威尔·托马斯拍摄一部由他主演的关于艾伦比和劳伦斯在第一次世界大战中出征的著名影片。他和几名助手在好几处战事前线拍摄了战争的镜头，最精彩的是他们用影片记录了劳伦斯和他那支多彩多姿的阿拉伯军队，也记录了艾伦比征服圣地的经过。他那个穿插在电影中著名的演讲——"巴勒斯坦的艾伦比与阿拉伯的劳伦斯"，在伦敦和全世界都大为轰动。伦敦的歌剧节因此延后了 6 个星期，让他在卡文花园皇家歌剧院继续讲这些冒险故事，并放映他的影片。他在伦敦获得盛大成功之后，又旅游了几个周边国家。然后又花了两年的时间，拍摄一部在印度和阿富汗生活的纪录影片。在此期间，他碰到了一连串的霉运，而且，可怕的事情发生了：他发现自己破产了。

当时，我正好和他在一起，我还记得，那时候我们不得不去吃很便宜的食物。最后，一位苏格兰人，也是一位知名的作家——詹姆士·麦克贝，借给托马斯一点钱，才使他勉强渡过难关。

当罗威尔·托马斯面临庞大的债务以及极度失望的时候，他很伤心，可是并不忧虑。他知道，如果他被霉运弄得垂头丧气的话，他在人们眼里就会一文不值了，尤其是对于他的债权人。所以他每天早上出去办事之前，都要买一朵花插在衣襟上，然后昂首走上牛津街。正因为他有这种积极进取的思想，不让挫折把他击倒，最后才能反败为胜。对他来说，挫折是人生的一部分，是你要爬到高峰所必须经过的有益磨炼。

每个人的精神状态，对他的身体和力量都有着令人难以置信的影响。著名英国心理学家哈德菲尔德在他的《力量心理学》里，对这件事进行了阐述。尽管那本书只有 54 页，但却非常了不起。

“我请来 3 个人，”他写道，“以便实验生理受心理的影响。我们以握力计来度量。我要他们在 3 种不同情况下，尽全力抓紧握力计。”

在一般的清醒状态下，他们平均的握力是 107 磅。

第二次实验则对他们催眠，并告诉他们，他们非常虚弱。结果，他们的握力下降到 29 磅——还不到他们正常力量的三分之一。

第三次的实验，哈德菲尔德把他们催眠之后，告诉他们说他们非常强壮。结果，他们的握力平均达到 142 磅。

这就是精神的力量！当他们在思想上认定自己有力量之后，他们的力量几乎增加了 50%。

还有一个发生在美国内战结束时的故事，更能说明思想的魔力。这个故事足够写一本大书，不过我只在此简述一下。

10 月的一个夜晚，内战刚刚结束，一个无家可归的女人在街上茫然地游荡。她晃到一家门前，举手敲门。

来开门的是一位退休船长的太太——韦伯斯特太太。她看到这个可怜的瘦小女人，很疑惑。陌生女人解释说，她正在找个落脚处歇下来，思考并解决一直在困扰她的问题。

韦伯斯特太太说道："我想你可以留在我这里，反正我也是一个人住。"

后来，韦伯斯特太太的女婿从纽约来这里度假，发现了这个女人，当即咆哮说："我可不要一个无赖住在家里！"他把这个无家可归的女人赶出门去。

这个故事的特别之处就在于，被韦伯斯特太太的女婿赶出去的"无赖"，后来竟成为世界上极具思想影响力的一位女性——玛丽·贝克·艾迪，她开创了基督科学教派，拥有几百万信徒。

那时的玛丽·贝克·艾迪的生命中只有不幸、疾病和愁苦。她的第一任丈夫在婚后不久就去世了。她的第二任丈夫抛弃了她，和一个已婚妇人私奔了，后来死在一个贫民收容所里。她只有一个儿子，却由于贫病交加，不得不在他 4 岁那年把他送给了别人，以后他们母子再也没有见过面。

她由于健康情形不好，所以一直对所谓的"信心治疗法"极感兴趣。可是她生命中戏剧化的转折点，却发生在麻省的理安市。那是一个很冷的日子，她在城里走着的时候，突然滑倒了，摔倒在结冰的路面上，而且昏了过去。被送到医院后，她就再也没有站起来。她的脊椎受到了损伤，引起全身痉挛，医生也认为她活不久了。医生还说，即使奇迹出现，她也绝对无法再行走了。

被医生判了死刑的玛丽躺在床上，打开了《圣经》，她认为是受到圣灵的指引。她读到书里的句子："有人用担架抬着一个瘫子来到耶稣面前，耶稣对瘫子说：孩子，放心吧，你的罪赦免了……起来，拿着你的褥子回家去吧。那人就站起来，回家去了。"

她后来说，耶稣的这几句话使她产生了一种力量、一种信仰，一种能够医治她的力量，使她“立刻下了床，开始行走”。

玛丽说：“那次的经历，就像引发牛顿灵感的那个苹果一样，在读了那几句话后，我身上的血液瞬间贯通，双腿充满了力量，我下床即能行走……我可以很有信心地说：一切的原因就在于你的思想，而一切的影响力都是心理现象。”

可能有人会在心里说：“这个家伙是在替基督教信心治疗法传道。”不是的，你错了！我并不是这个教派的信徒。只是我活得越久，越深信思想的力量。这是我从事成人教育35年的经验之谈。

男人和女人都能够消除忧虑、恐惧和很多种疾病，只要改变自己的想法，就能改变自己的生活。请大家相信，我亲眼见过好几百次这一类的转变，因为我看得太多了，所以我深信不疑，继而再向你推荐。

其实，我们内心的平静，和我们由生活所得到的快乐，并不在于我们在哪里、我们有什么，或者我们是什么人，而只在于我们的心境如何。心境与外在的条件关系并不相同。

思想的力量绝对可以改变一个人的世界，请相信我，因为我的一个学员就曾因过度忧虑而导致精神崩溃。这位学员告诉我：

我每天生活在担心中，担心自己营养不良，担心自己脸上长癣，担心永远没钱成家。我想我当不了一位好父亲，我怕失去我想娶的女孩，我担心没有一个女孩愿意为我生孩子，我担心别人对我的印象。我忧虑，因为怕自己得了心脏病，不得不辞职在家休养。

我在内心不断给自己施加压力，像个受压的气球，压力达到无法承受时就会爆炸开来。如果你精神崩溃过，一定能体会到那种感觉。希望你永远没有过。任何生理上的病痛都无法与心理痛苦相提并论。

情况越来越糟，我无法与家人沟通，无法控制自己的思绪。我的内心充满了恐惧，一点点小声音都能令我惊跳起来。我逃避所有的人。无缘无故，我就可以号啕痛哭一场。活着简直就是一种煎熬，我觉得所有人都不喜欢我、不在意我，唯有死去才能解脱。

后来，我想换个环境也许会好些，于是我登上了去往佛罗里达州的火车。上车前，我父亲交给我一封信，告诉我到了那里才能打开来看。佛罗里达州那时正值观光旺季。由于订不到旅馆的房间，我就租了个房车，然后到迈阿密去找工作，但没有找到合适的。

于是，我就成天在海滩上消磨时间，心情比在家里的时候还要糟。我打开信封看看爸爸说些什么。纸条上写着："孩子，你已经置于一个全新的环境，但还是原来的老样子，没有什么改变，对不对？知道为什么吗？因为你把你的烦恼带去了，那烦恼就是你自己。你的身心都健全，打败你的不是你所遭遇的各种状况，而是你对这些状况的想法。一个人的想法可以决定一个人的一切。如果你能够想明白这一点，就可以回来了，因为你已经恢复正常。"

看完父亲的信我十分恼火，我要的是关心呵护，不是什么指示。我气得当下就决定不再回家。当晚我在迈阿密街头晃荡时，经过一座教堂，里面正在做弥撒。我信步走进去，正好听到有人念道："战胜自己的心灵比攻占一座城市还要伟大。"

我慢慢坐下来，听着这同父亲信上写的一样的道理，力量，使我终于扫除了心中的一些困扰。这一生我第一次神清气明。我发现自己愚不可及。认清了自己，使我吃了一惊。原来我一直想改变整个世界，整个人类，其实我的想法才是唯一需要改变的。

第二天一大早，我就坐上火车，打道回府了。一个星期后，我回到了工作岗位上。4个月后，我娶了那位我一直担心失去的女孩，现在我们已经有5个孩子了。我获得了物质与精神方面的双丰收。状态不佳的那段时间，我担任晚班工头，带领只有18个人的小部门。现在，我在卡通公司任主管，辖有400多名员工。人生越来越充实、美好，我找到了人生的真谛。虽然偶尔也会有平常人都会有的不安情绪，但我已能很好地去调适，让一切风平浪静。

我很庆幸自己有过崩溃的经历，因为那次的痛苦使我发现思想的力量比身体的力量巨大得多。现在我有办法运用思想的力量，而不是受它所害。当然我也得承认我父亲是对的，他的那封信说的一点儿都没错。

听完这位学员的故事我现在深信不疑，我们由人生体会到的心灵的平安与喜乐，不是因为我们身处何处，或在从事什么，或我们是谁，完全只是由我们的心理态度所决定，外在的环境影响是非常有限的。

让我们以老约翰·布朗为例。他因强占军工厂并且煽动奴隶叛乱而被判绞刑。他坐在自己的棺木上被送往刑场。在他旁边的警长很紧张，布朗却极为平静，看着弗吉尼亚州崇山峻岭衬着蓝天，他说："如此壮美的国家，我还从未这么真切地观看过。"

再以第一位抵达南极的英国人史考特先生为例。他们从南极返回的途中遭遇了难以想象的艰难险阻，不仅断了粮，缺少燃料，而且吹过极地的狂风已肆虐了好几个昼夜——这风威力强大到可以切断南极冰崖。史考特一行人知道他们已无活路，他们先准备了一些鸦片，以防万一。因为一剂鸦片就可以叫大家躺下，进入梦乡，不再苏醒。可是他们没有这么做，反而是在欢唱中去世。8 个月后，一个搜索队找到了他们，并从冰冻的遗体上发现了一封告别书，其中有一段是这样写的：

“如果我们拥有勇气和平静的思想，我们就能坐在自己的棺木上悠然欣赏风景，在饥寒交迫时犹能欢唱。”

300 年前，失明的弥尔顿也发现了同样的真理：

“思想的运用和思想的本身，就能把地狱造成天堂，把天堂变成地狱。”

拿破仑与海伦·凯勒都是弥尔顿的最佳诠释者。拿破仑拥有一般人所追求的一切——荣耀、权力、财富，可他却说：“在我的生命中，找不到一天快乐的日子。”而海伦·凯勒，尽管又瞎、又聋、又哑，却表示：“我发现生命是这样的美好。”

活了大半生，我最大的收获就是：“除了你自己，没有别的什么人可以带给你平静。”

爱默生在他那篇《自我信赖》的散文里说：“不要认为一次政治上的胜利，收入的增加，病体的康复，或是久别好友的归来，或是什么其他纯粹外在的事物，就能提高你的兴致，让你觉得你眼前有很多的好日子，事情绝不会是这样的。能给你带来平静的，只能是你自己。”我永远不能忘怀这句话。

伟大的斯多葛学派哲学家爱比克泰德曾警告我们说：“我们应该极力消除思想中的错误想法，这比割除‘身体上的肿瘤和脓疮’重要得多。”

奇妙的是，爱比克泰德在 19 个世纪之前说的话，却得到了现代医学的首肯。坎贝·罗宾森医生说，约翰霍普金斯医院所收容的病人里，大约有五分之四都是由于情绪紧张和压力过大引起的，甚至一些生理器官的病例也是如此。他解释说，产生这种病症的原因，归根结底，都是生活及其矛盾的难以协调。

法国伟大哲学家蒙田的座右铭是：“一个人因发生的事情所

受到的伤害，比不上因他对发生事情所拥有的意见来得深。”而我们对所发生的一切事物的意见，完全是看我们自己怎样来决定。

实用心理学大师威廉·詹姆森也曾有过这样的心得：

“感觉似乎永远在行动之前。其实行动与感觉是并行的，多以意志控制行动，也能间接控制感觉。”

具体来说，就是我们虽然不能一下决心就立即改变情绪，但是我们确实可以做到改变行动。行动改变了，感觉自然也就改变了。

他的解释是：“在你不开心的时候，唯一可以改变的方法是开心地坐直身体，并装作很开心的样子说话及行动。”

你不相信这种方法会有效吗？那你可以一试。先在你的脸上堆起一个大大的真正的微笑，放松肩膀，深吸一口气，再好好地唱首歌。要是不会唱，就吹口哨；吹口哨也不会，就哼唱。很快的，你就会明白威廉·詹姆森的意思——如果你的行为注定是快乐的，你在心理上就不会再留有忧伤、痛苦。

这点小小的基本真理可以为我们的人生带来奇迹。

恩格勒特先生就是这个真理的受益者之一。恩格勒特先生得了猩红热，康复后，却发现自己又得了肾炎。为了医好病，他走访了许多名医，连偏方都试过，但仍未医好。不久，他又得了一种并发症，血压开始上升。医生告诉他，他的血压已上升到214。

> 听了医生的话，我开始为自己安排后事。我查了我的保险都还有效，然后向上帝忏悔我以前所犯的各种错误，坐下来很难过地默默沉思。我把全家每个人都弄得不痛快。过了一个星期自怨自艾的日子后，我对自己说：“你简直像个傻瓜！你可能一时半会还死不了，干吗不让眼前的日子好过点？”
>
> 我展开眉头，使嘴角上露出笑意，做出轻松的姿

态。我得承认开始都是装出来的，不过我一直强迫自己开心。结果不但对我家人有益，更帮助了我自己。

我发现我的情绪渐渐地在向假装出来的样子靠拢，而且情况越来越好，直到今天——过了我的死期很长时间了，我不但开心、健康、活着，连血压也下降了！我能确定的一件事是：如果我一直想着我快死了的话，一定会像医生预测的那样必死无疑。然而我创造了奇迹。我能活下来，完全是因为我的心态改变了。

是啊，如果只要过得开心积极，就能救回这个人的生命，我们何必还要为一点芝麻小事去烦躁呢？如果只要过得开心就能创造快乐，又何必让自己及周围的人难过呢？

我很欣赏威廉·詹姆森的一句话："……通常，只要把受苦者内心的感觉由恐惧改成奋斗，就能把我们身上所谓的邪恶改变为对你有帮助的优点。"

让我们为我们的快乐而奋斗吧！

有一个能使你产生快乐的富有建设性的计划，名字叫作"只为今天"。我认为这种计划非常有效，所以复印了好几千份送给别人。这是已故的西贝儿·派屈吉写的。如果我们能够照着做，就能消除大部分的忧虑，而大量地增加"生活上的快乐"。

只为今天

只为今天，我要很快乐。如果林肯所说的"只要下定决心，我们都能很快乐"这句话是对的，那么快乐就是来自内心，而不是由外在环境决定的。

只为今天，我要自然地适应一切，而不是为了自己的欲望而去调整世界。试着调整一切，我要以这种态度接受我的家庭、我的事业和我的命运。

只为今天，我要爱护我的身体。我要加强锻炼，珍惜照顾它，不损伤它、不忽视它，使它能成为我争取成功的好基础。

只为今天，我要丰富我的思想。我要学一些有用的东西，我决不再做一个胡思乱想的人。我要读一些有品位、层次高、耐人寻味的书。

只为今天，我要用3件事来考验我的灵魂：我要为别人做一件好事，但不要让人家知道；我还要做两件我并不想做的事，而这样做的目的就像威廉·詹姆森所说的那样，只为了锻炼。

只为今天，我要做个讨人欢喜的人，外表要庄重大方，衣着要美观得体，说话低声，行动优雅，不在乎别人的毁誉。对任何事都不挑毛病，也不干涉或教训别人。

只为今天，我要试着只考虑怎么度过今天，而不把我一生的问题都在一次解决。因为，我虽能连续一整天做一件事，但若要我一辈子都这样做下去的话，可能会使我丧失兴趣。

只为今天，我要订一个计划。我要写下每个钟点该做些什么事，也许我不会完全照着做，但还要订下这个计划，这样至少可以免除过分仓促和犹豫不决的缺点。

只为今天，我要每天为自己留下安静的半个钟点，轻松一番。在这半个钟点里，我要想到上帝会使我的生命中更加充满希望。

只为今天，我要无所畏惧。尤其是，我不怕更快乐，我欣赏并享受人生的美好；我不怕失去爱人，相信我爱的人亦爱我。

与其恨我们的仇人，不如同情、理解他们，并感谢上天没有赐予让我们跟他们一样的人生。与其诅咒报复我们的仇人，还不如给他们谅解、帮助、鼓励，祈祷他们能够交好运。

不要总是心存报复

有一天晚上，我去黄石公园想观看森林杀手灰熊。我坐在森林对面的露天座位上，旁边坐满了其他跟我有一样想法的观众。骑在马上的森林管理员告诉我们：大灰熊大概能够击倒西方所有的动物，除了美洲野牛及阿拉斯加熊。

但那天晚上，当灰熊走到森林旅馆丢出的垃圾中去翻找食物时，我却发现有一只小动物——只有一只，那只大灰熊不但让它从森林里出来，并且和它在灯光下一起共食。那是一只臭鼬。大灰熊知道，它的巨掌完全可以一掌就把这只臭鼬毁掉。可是它为什么不那样做呢？因为它从自己的经验里意识到那样做不合算。

我也发现了这个道理。当我还是个孩子的时候，曾经在密苏里州的农庄中抓过四只脚的臭鼬；长大成人后，我在纽约的街上也碰到过几只两只脚的“臭鼬”。我从这些不幸的经验里发现：无论招惹哪一种臭鼬，都得不偿失。

当我们恨我们的仇人时，就等于给了他们制胜的力量，给他机会来妨碍我们的睡眠，影响我们的胃口，使我们的血压增高，使我们忧虑，让我们的健康受损。要是我们的仇人知道他们如何令我们担心，令我们苦恼，令我们一心报复的话，他们一定会高兴得手舞足蹈。

记住：憎恨根本伤不了对方一根毫毛，相反，却能把自己的日子弄成炼狱。

有人这样说过："要是自私的人想占你的便宜，就不要去理会他们，更不要想着去报复。当你想跟他扯平的时候，你对自己的伤害绝对比对别人的伤害大得多……"

这段话听起来像是哪位理想主义者的杰作，其实不然，这段话出自一份由纽约警察局发出的通告上。

你可能不明白报复为什么能伤害到自己，根据《生活》杂志的报道，报复甚至会损害你的健康。"高血压患者主要的特征就是容易愤慨，"《生活》杂志说，"长期的愤怒容易引发持续性的高血压和心脏病。"

现在你该明白耶稣所谓"爱你的仇人"，不只是一种道德上的教训，而且是在宣扬一种 20 世纪的医学。在耶稣说"要原谅他们 70 个 7 次"的时候，他是在教我们怎样避免高血压、心脏病、胃溃疡和许多其他的疾病。

我的一个朋友因心脏病住进医院后，他的医生给他的唯一忠告是：无论在什么样的情况下，都不要生气。医生说，心脏衰弱的人，一发脾气就可能送掉性命。

耶稣在说"爱你的仇人"的同时，也是在告诉我们怎样改进我们的外表。我见过，相信你也见过有一些人因为怨恨而有皱纹，因为悔恨而使脸色难看、表情僵硬，不管怎么美容都难以改变。其实，只要他们心中多一点宽容，多一点爱，脸上马上就能生动美丽起来。这种仇视的心理还会影响我们的食欲，《圣经》里说："怀着爱心吃菜，也比怀着怨恨吃牛肉好得多。"

也许"爱你的仇人"你很难办到，但至少我们要爱我们自己。我们要使仇人不能控制我们的快乐、我们的健康和我们的外表。就如莎士比亚所说："不要因为你的敌人而燃起一把怒火，将你自己烧伤。"

当耶稣要求我们原谅仇人 70 个 7 次时，他也在谈生意。举例来说，我桌上正有一封瑞典乌普萨拉的乔治·罗纳先生的来信。几年来，他一直在维也纳从事律师工作。

回到瑞典后，由于经济紧张，他急需工作挣钱。因为他能说多种语言，所以他想找一家进出口公司任职文书。大多数公司都回信说因为战争的缘故，他们目前不需要这种服务，但他们会保留他的资料等。其中有一个人却回信给罗纳说："我真怀疑你是不是没长脑子，你听谁说的我们公司需要文书？即使我真的需要，我也不会雇用你。你不但连瑞典文字都写不好，而且写信的水平也低得很，简直错误连篇。"

罗纳收到这封回信时觉得受到了莫大侮辱。那个人竟然说他不懂瑞典话，真是忍无可忍。于是罗纳写了一封足够气死对方的信。信写完后，他停下来想了一下，对自己说："等等，我怎么知道这个人不对呀？没错，我是学过瑞典文，但那并非我的母语，有些错误我可能根本不了解。要是那样的话，我还需要进一步学习。这个人虽然说话难听，但他说的也许是对的，我想我应该写一封信感谢他提醒我找到了自己的不足。"

罗纳把刚写好的信撕掉，重新写了一封："你根本不需要文书员，还不厌其烦地回信给我，我非常感动。我对贵公司判断错误，实在很抱歉。我写那封信，是因为我查询时别人告诉我你是这一行的领袖。我不知道我的信犯了文法上的错误，我很惭愧，再次向你表示歉意，我会努力学好瑞典文，尽量弥补不足。我真心感谢你给我的提醒。"

几天后，罗纳收到回信，对方请他去办公室面谈。罗纳如约前往，并得到了那份工作。"以柔和驱退愤怒"，就是罗纳找到的好方法。

我们或许不能像圣人般去爱我们的仇人，可是为了我们自己的健康和快乐，我们至少要原谅他们，忘记他们。这样做才是聪明之举。

有一次，我问艾森豪威尔将军的儿子约翰，他父亲会不会一直怀恨别人。"不会，"他回答，"我父亲才不会浪费时间去想那些他不喜欢的人。"

有句俗话说得好：不会生气的人是笨蛋，而不去生气的人才是智者。

前纽约州长威廉·盖伦就是一个这样的聪明人。他被一份内幕小报攻击得体无完肤之后，又被一个疯子打了一枪，几乎因此送命。当他躺在医院挣扎求生的时候，他说："每天晚上我都原谅所有的事情和每一个人。"

这样的人是不是一个完美主义者、一个理想主义者呢？伟大的德国哲学家，也就是"悲观论"的作者叔本华认为：生命就是一种毫无价值而又痛苦的冒险，当他走过的时候好像全身都散发着痛苦。可是在叔本华绝望的深处，却大叫道："如果可能的话，不应该对任何人有怨恨之心。"

伯纳·巴洛克曾做过威尔逊、哈丁、柯立芝、胡佛、罗斯福和杜鲁门6位总统的顾问。有一次我问他会不会因为他的敌人攻击他而感到困扰。"没有一个人能够羞辱我或者干扰我，"他回答说，"我不让他们这样做。"

没有任何人能侮辱我们或困扰我们——除非我们自己允许。棍子和石头也许能打断我们的骨头，可是言语永远也不能伤害我们，除非我们同意。

几个世纪以来，人类总是景仰不怀恨仇敌的人。我常常站在加拿大杰斯帕国家公园里，仰望那座名叫伊迪斯·卡维尔的山。这或许是西方最美丽的山了。

1915年10月12日，一位名叫伊迪斯·卡维尔的护士在德军行刑队的枪口下慷慨赴死。她犯了什么罪呢？因为她在比利时的家里收容和看护了很多受伤的法国士兵和英国士兵，还协助他们逃到荷兰。

十月的那天早晨，一位英国教士走进军人监狱——

她的牢房里，为她做临终祈祷的时候，她说了两句不朽的话语："我知道光是爱国还不够，我一定不能对任何人有敌意和怨恨。"后来，这两句话刻在了卡维尔的纪念碑上。4 年之后，她的遗体转移到英国，在西敏寺大教堂举行了安葬大典。

后来，我有机会在伦敦住过一年，并常常到国立肖像画廊对面去看伊迪斯·卡维尔的那座雕像，同时朗读她那两句不朽的名言："我知道光是爱国还不够，我一定不能对任何人有敌意和怨恨。"

原谅和忘记敌视自己的人的最有效方法，就是让自己去做一些绝对超出我们能力以外的大事，这样我们所碰到的侮辱和敌意就无关紧要了。因为这样我们就没有时间计较理想之外的事了。

1918 年，密西西比州发生了一件极富戏剧性的事情：有一位黑人教师兼传教士劳伦斯·琼斯即将被处以火刑。我曾拜访过琼斯亲手创办的学校，并向学生作过演说，现在它已成为一所全国有名的学校。但我要说的这个故事是很早以前的事。

当时，正值第一次世界大战期间，在密西西比州中部流传着德军将策动黑人叛变的谣言。琼斯被指控策动叛乱，并将被处以火刑。行刑当天，教堂外站满了白人，只听琼斯在教堂内说道："生命是一场战斗，为了争取生存与成功，黑人们应拿起武器奋战到底。"

"绞死这个魔鬼！"几个愤怒的白人青年叫喊着冲入教堂，用绳索套上琼斯，把他拖了一英里远，推上绞台，燃起木柴，准备绞死他并焚烧掉他的尸体。这时，有人叫道："叫他说话，我们要听他说话！"于是琼斯站在绞台上，颈上套着绳索，开始谈他的人生与理想。他谈到自己的个性、学位，以及他在教职员中受人欢迎的音乐才能。毕业时，有人请他加入旅馆业，有人愿出资供他去读音乐学院，成为一名音乐家，他都拒绝了。

让他这样做的原因只有一个，那就是他心中的那个理想。他受到布克·华盛顿的故事的影响，立志去教育他贫困的同胞兄弟。于是他前往美国南方所能找到的最落后的地方，也就是密西西比州的一个偏僻地方。他把自己的手表当了1.65美元，在野外树林里开办了一所学校。

面对准备处死他的白人们，琼斯深情地讲述着自己的奋斗经过：他教育那些失学的孩子，想将他们训练成有用的农夫、机匠、厨子和家庭主妇。他还告诉面前的这些白人，在他兴学的过程中，谁曾经帮助过他——一些白人曾经送他土地、木材、猪、牛，还有钱，使他不会半途而废。

听了琼斯如此真诚动人的讲话，特别是他不为自己求情、只为自己的使命求情的举动，感化了暴徒们。最后有个老人说："我相信这年轻人说的是真的，我认得他提到的几个人。他做的不是坏事，是善事。这样的好人，我们应该帮助他才对。"老人开始在人群中传帽子，向那些想吊死琼斯的人募了52美元，亲自交给了琼斯。

事后，有人问琼斯恨不恨那些准备绞死、烧死他的人。他的回答是，他当时忙着诉说比自己更重大的事，以致无暇憎恨。他说："我没时间争吵，也没时间反悔，没有人能让我恨他们。"

19世纪之前的圣哲爱比克泰德告诉我们：种因就会得果，而不管是谁，命运总能让我们为过错付出代价。爱比克泰德说："每一个人都会为他自己的错误付出代价。能够记住这点的人就不会跟任何人生气，不会跟任何人争吵，不会辱骂别人、责怪别人、触犯别人、憎恨别人。”

林肯可能是美国历史上受到责难、怨恨和陷害最多的总统。但是从赫尔顿的《林肯传》中可以看出，林肯却“从来不以他自己的好恶来批判别人。如果有什么任务待做，他不会因为某人是自己的敌人而取消他的工作权利。如果一个以前曾经羞辱过他的人，或者是对他个人有不敬的人，却是某个位置的最佳人选，林肯还是会让他去担任那个职务，就像他会派他的朋友去做这件事一样……而且，他也从来没有因为某人是他的敌人，或者因为他不喜欢某个人，而解除那个人的职务”。

林肯曾委任的麦克莱伦、斯坦东和切斯——以前曾批评过他甚至羞辱过他，但他却以宽大的胸怀原谅了他们。林肯说：“没有人会因为他做了什么而被歌颂，或者因为他做了什么或没有做什么而被废黜。”

所有的人都受条件、情况、环境、教育、生活习惯和遗传的影响，使他们成为现在的这个样子，将来也永远是这个样子。

也许林肯是对的。将你我与我们的敌人换一换，承袭他的生理、心理及情绪的特征，如果我们的人生也完全一样，我们可能也会做出跟他们完全一样的事。我们应以印第安人的祈祷词提醒自己：“伟大的神灵！在我穿上别人的鹿皮靴走上两星期路以前，请帮助我不要轻易给别人下任何结论。”

与其恨我们的仇人，不如同情、理解他们，并感谢上天没有赐予让我们跟他们一样的人生。与其诅咒报复我们的仇人，还不如给他们谅解、帮助、鼓励，祈祷他们能够交好运。

真正的快乐只在于无私地付出，在付出的同时不能存有任何索求感恩的念头，否则就会痛心、乐不起来。

不要指望他人感激你

有一次，我在得克萨斯州遇到一个商人，他正为某事而愤怒不已。有人警告我说，只要我“认识他 15 分钟”，他就一定会谈起那件事。果然如此，这件事已经过去 11 个月了，他还是不能忘记。他为 34 位员工每人发了差不多 300 美元圣诞节奖金，共计 1 万美元，结果他却没有听到一句感谢的话。他抱怨说：“真可笑，我为什么要发奖金给他们？”

“一个愤怒的人，浑身都是毒。”这是一位圣人说过的话。我衷心同情面前这位浑身是毒的人。他大约 60 岁了。根据人寿保险公司统计，我们还能活着的年数大约是目前年龄与 80 岁之间差数的三分之二。这位老兄，如果运气可嘉的话还有大概十四五年的寿命。遗憾的是，他已浪费了有限的余生中将近一整年的时间为过去的事愤恨不已，我实在是很同情他。

或许，那些员工都是很自私、很卑劣的，也很不讲礼貌，但我希望这位先生除了愤恨与自怜，他大可自问，为什么人家不感激他，有没有可能是因为待遇太低、工作时间太长，或是员工认为圣诞奖金是他们应得的一部分。也许他平日里是个吹毛求疵的人，以致别人不敢也不想去感谢他。

也许是这样，也许是那样。我也不会比你更了解整个状况。不过，我倒是知道英国约翰逊博士曾说过：“感恩是极有教养的产物，你很难从一般人身上得到它。”

很显然，某个人希望别人感激他的恩德，正犯了一般人共有的毛病，他实在不了解人性。

如果你使一个人免遭厄运，你会不会期望得到他的感恩呢？你可能会，可是塞缪尔·莱博维茨在他当法官前曾是位有名的刑事律师，曾使 78 名罪犯免上电椅。你猜猜看，其中有多少人曾登门道谢，或者寄张圣诞卡来？我想你已经猜到了。对，一个都没有。

耶稣基督仅用几个小时就让 10 个人重获行走的功能，但他得到了几个人的感谢呢？只有一个。耶稣基督环顾门徒问“其他 9 个人在哪里”的时候，他们全跑了，谢也不谢就跑得无影无踪！我想问一问各位：为什么像你我这样平凡的人，或者是那位得克萨斯州商人，给了别人一点点小恩小惠，就希望得到比耶稣更多的感恩呢？

至于钱财上的帮助，那就更别想啦！查尔斯·舒瓦伯告诉我，曾经有一位银行出纳擅自挪用银行基金炒股而血本无归，当时是他帮助这个人把资金补足才免于吃官司的，那么这个人有没有感谢他呢？有，但只是一阵而已。后来这个人竟因为一件小事而与他反目。

如果你白白送给你的亲戚 100 万美元，你一定想象他会对你感激不尽吧？安德鲁·卡耐基就资助过他的亲戚，不过如果安德鲁·卡耐基重新活过来，一定会很吃惊地发现这位亲戚正在咒骂他。为什么呢？因为卡耐基只给了他 100 万美元，而将其他 3 亿美元的遗产全部捐给了慈善机构。

世间就是有许多不平之事，你根本不值得期待峰回路转。我们应该像那位最有智慧的罗马帝王库斯·阿列留斯一样学会接受。他在日记中写道：

“即使碰到多言的人、自私的人、以自我为中心的人、忘恩负义的人，我也不会惊慌或困扰。因为我还想象不出一个没有这些人存在的世界。”

这话不是很有道理吗？我们天天埋怨别人忘恩负义，到底是谁的错？假如施恩之前就没指望别人感激，那么，如果我们偶尔得到别人的感激，就会有一个惊喜；如果没有得到，也不应该难过、烦恼。

或许，容易忘记别人的恩赐和不容易对他人怀感恩之心皆是人性使然，那么如果我们一直期望别人感恩，多半是自寻烦恼。

我认识一位住在纽约的妇人，她最大的困惑就是没有一个亲戚愿意来看望她，致使她整日与孤独为伴。然而，这实在没有什么奇怪的，根本不能怪他们。你去看望她，她会花几个钟头喋喋不休地告诉你，她侄儿小的时候她是怎么照顾他们的。他们得了麻疹、腮腺炎、百日咳，她甚至几天几夜没合眼，在一旁精心守护着。他们跟她住了许多年，还资助一位侄子读完商业学校，直到结婚。

这些侄子开始时是经常回来的，但渐渐地就少了，也怕了，怕坐在那里一连几个小时听那些老调、无休无止的埋怨与自怜。当这位妇人发现威逼利诱也没法叫她的侄子们回来看她后，她就开始用最后一招——心脏病发作。

她是不是真的心脏病发作了呢？当然不是。不过医生也说她的心脏相当神经质，常常心悸。可是医生也束手无策，因为她的问题出在思想上。

其实，这位妇人的要求很简单，就是要得到侄子们的感恩。不过，她大概永远也得不到。因为她认为这是应得的，她向别人要这些。

像她这样的人，世界上还有很多很多。因为别人都忘恩负义，因为孤独，因为被人疏忽而生病，他们渴望得到爱。但是在这世上真正能得到爱的唯一方式，不是索求，更不是乞求，而是无私地付出，无怨无悔地付出。

听起来，这好像不太切合实际，很难做到，但这的确就是追求幸福的最好方法。我可以作证，因为我亲眼见到过我家庭中发生的状况。

我的父母乐于助人，我们很穷，所以老是窘于欠债。可即使穷成那样，我父母仍然每年都要从肚皮里挤出一点钱寄给孤儿院。那家孤儿院坐落在爱荷华州，他们一次也没去过。可能除了收到回信外，也从来没有人感谢过他们。不过他们已有所回报，因为他们享受了帮助那些无助小孩的喜悦，并不希望任何其他报偿。

每年我因工作而不能回家过圣诞节时都会寄给父母一张支票，让他们买些自己喜欢的东西，可是他们很少这样做。当我回家过圣诞时，父亲会告诉我，他们买了煤、日用品送给镇上那些有很多小孩的贫苦妇人。他们送出这些礼物时，也得到了真正的快乐——施予而不求回报的快乐。

亚里士多德说："理想人会享受助人的快乐。"我深信我父亲就是这样的理想人。

真正的快乐只在于无私地付出，在付出的同时不能存有任何索求感恩的念头，否则就会痛心、乐不起来。

几千年来，大部分为人父母者都怨恨子女不知感恩。

莎士比亚笔下的李尔王喊得最是震撼人心："不知感恩的子女比毒蛇的利齿更痛噬人心。"

这难道是子女的过错？当然不是。如果为人父母者不教育他们，为人子女者又怎么会知道感恩呢？忘恩像是随地生长的杂草；感恩则有如玫瑰，需要精心地照料与滋养。

子女们不知道感恩能怪谁呢？恐怕只能怪我们自己。如果我们从来不教导他们向别人表示感谢，又何以期望他们来谢我们？

我的一个朋友，住在芝加哥。他在一家纸盒厂工作，很辛苦，周薪不过40美元。他娶了一位寡妇，她说服他向别人借了钱送她前夫的两个儿子上大学。他的周薪用来支付所有生活开支和应缴付的欠款。他拼命苦干了4年，从没埋怨过一句。

有没有人对他表示感谢呢？没有。他太太认为这是理所当然的。那两个儿子当然也是一样，他们对这位继父从未有过一点点的亏欠之意。

这到底该怪谁呢？这两个年轻人？难道这位母亲没有错吗？她认为这两个年轻的生命不应该有这种义务的负担，她不要她的儿子由“负债”开始他们的人生。因此她从没想到要说：“你们的继父真是个大好人，他帮你们读完了大学。”相反，她的态度却是：“噢！那是他的义务。”

她认为儿子们成长得很健康。实际上，她让他们的心灵有了缺陷，让他们产生了一种危险的想法，认为这个世界有义务让他们活下去。这种想法果然危险，她的两个儿子中的一个想向老板“借”点钱，结果被关进了监狱。

我们一定得记住，子女的一言一行完全是由父母造成的。

举例来说，我姨妈薇奥拉·亚历山大从来不抱怨儿女不知感恩。我小的时候，姨妈把她母亲接去照料，同时也照料她的婆婆。我现在仍记得两位老人家坐在壁炉前的情景。她们有没有给我姨妈出过难题，找过她的麻烦呢？我想一定有，而且不会少，可从我姨妈的态度上却一点儿也看不出来。她真的爱她们，想让她们安度晚年，享受家人的温馨与甜美。

除了照料两位老人以外，薇奥拉姨妈自己还有6个子女，但她从不觉得自己做了什么了不起的事。在她的思想意识里，这一切都是再自然不过的事，是对的事，也是她乐于做的事。

薇奥拉姨妈已经孀居了二十几年，她的5位成年子女都愿意接她到他们家去一起住。她的孩子们非常敬佩她，都不想离开她。

这是出于“感恩”吗？当然不是！这是真爱的表现！这几位子女从孩童时代就生活在慈善的气氛中。现在需要照顾的是他们的妈妈，他们回报同样的爱，这又有什么值得奇怪的呢？

我们不要忘了，要想子女懂得感恩，必须要先成为施恩不图回报的父母。我们的所言所行非常重要。在孩子面前，千万不要诋毁别人的善意，也千万别说：“看看表妹送的圣诞礼物，都是她自己做的，真小气！”这种话我们也许是顺口说的，但是孩子们却会听进去记在心里。因此，我们最好这么说：“为了准备这些圣诞礼物，表妹一定花费了很多时间。她真是个有心人，我们应该写信感谢她。”如此，我们的子女在无意中也就养成感恩的习惯了。

我们每一天、每个小时，都能得到“快乐医生”的免费服务。只要我们能把注意力集中在我们所拥有的那么多令人难以置信的财富上，那些财富远超过阿里巴巴的珍宝。

想想你所得到的恩惠

我认识哈洛德很多年了，他曾经是我巡回演讲的经理，住在密苏里州。有一天，他和我在堪萨斯城相遇，他送我到我的农庄。路上，我问他是怎么得到快乐的，他给我讲了一个我永远都忘不了且很有意思的故事。

我以前常为很多事情而忧虑。可是，1934年春天的某一天，我正走在韦伯镇西道提街，有一幕景象使我以后永远不再感到忧虑。事情发生的前后只有10秒钟，可是在那10秒钟里，使我学到的关于如何生活的事情，比我过去10年里所学到的还要多。

我在韦伯城经营一家杂货店有两年之久，我不单赔光了所有的积蓄，还借了债，需要7年的时间才能还清。我的杂货店刚在前一个礼拜关门，当时我正准备到银行去借点钱，以便到堪萨斯城去找一份差事。我像一只斗败的公鸡在路上走着，完全丧失了斗志和信心。

突然之间，我看见迎面来了一个失去了双腿的残疾人，他坐在一个小小的木头平台上，下面装着从溜冰鞋上拆下来的轮子。他两手各抓着一片木头，撑着地让自己滑过街来。

我看到他的时候，他刚把那小小的木头车子翘起来，我们两人眼光遇了个正着，他对我咧嘴笑了笑。“你早，先生！早上的天气真好，是不是？”他很开心地说。

当我站在那里看着他的时候，我才发现自己是那么富有。我有两条腿，我能走路。我对我的自怜感到羞耻。我对自己说，如果一个缺了两条腿的人能做到的事，当然我也能做到。我觉得自己的胸膛已经挺了起来。本来我只是想去银行借 100 美元，可是现在我有勇气去向他们借 200 美元。我本来想说我打算到堪萨斯城去试试看能否找份差事，可是现在我能够自信地告诉他们说，我要到堪萨斯去找一份差事。我借到了那笔钱，也找到了一份工作。

于是，我在浴室的镜子贴上下面这几句话，好让我每天早上刮胡子的时候能够读到：“我正在为自己没有鞋而难过，忽然遇到一个没有双腿的人，我的难过顿时消失了。”

在英国的许多教堂里都写有“感恩”这个词。它也应该铭刻在我们的心上。想想所有我们应该感谢的事，并真正去表示感谢。

英国文学史上最悲观的一位作家是《格列佛游记》的作者斯威夫特。他为自己的出生感到很难过，所以他在生日那天一定要穿黑衣服，并绝食一天。可是，这位英国文学史上有名的悲观主义者，在他绝望之中，却赞颂开心与快乐能带给人健康的力量。他说：“世界最好的三位医生是节食、安静和快乐。”

我们每一天、每个小时，都能得到“快乐医生”的免费服务。只要我们能把注意力集中在我们所拥有的那么多令人难以置信的财富上，那些财富远超过阿里巴巴的珍宝。

你愿意把你的两只眼睛卖 1 亿美元吗？你愿意把你的两条腿卖多少钱呢？还有你的两只手、你的耳朵、你的家庭，卖多少钱？把你所有的资产加在一起，你就会发现你现在所拥有的一切绝不会就此卖掉，即使把洛克菲勒、福特和摩根三个家族所有的黄金都加在一起，你也不会卖。

遗憾的是，我们很多人都意识不到这一点。就像叔本华所说："我们很少想我们已经拥有的，而总是想到我们所没有的。这种倾向实在是世界上最令人不幸的事情之一，它所造成的痛苦可能比历史上所有的战争和疾病要多得多。"

这一点几乎使住在新泽西州的帕玛先生"从一个正常人变成一个坏脾气的老家伙"，也差点毁了他的家。帕玛先生给我讲了他的故事。

> 我从军中退伍不久，就开始做生意。我夜以继日地忙碌着，一切进行得很好。但后来出现了一些问题，我买不到零件和原料。我为可能会被迫放弃我的生意而担心得不得了，我从一个普通人变成一个脾气很坏的家伙。我变得非常尖酸刻薄——当时我自己并不知道，可是现在我才明白。我几乎失去了我快乐的家。
>
> 然而有一天，一位年轻的行动不便的残疾人对我说："约翰，你不应该这样，你这副样子好像世界上只有你一个人有麻烦似的。就算你把店关掉一阵子，等到事情恢复正常之后再重新开始，也没有什么。你有很多值得感激的事，可你却老是在抱怨。我的天啊，我真希望我是你。你看看我，我只有一只手臂，半边脸都伤了，可是我并不抱怨什么。要是你再继续这样啰啰嗦嗦埋怨下去的话，你不仅会失去你的生意，也会失去你的健康、你的家庭和你的朋友。"
>
> 这些话使我猛然醒了过来，我发现我走上了岔路。我当场就决定必须要改变，重新成为我自己。后来我做到了。

我的朋友露丝，也是经过一番痛苦的波折才认识到这一点的。我们是在哥伦比亚大学的新闻写作班上相识的。她给我讲述了她的那个难过的经历。

那时我是个大忙人，既要去亚利桑那州立大学学习风琴，在城里主持一个演说训练班，还要到另一座城市里讲音乐欣赏。我忙着出席宴会、舞会，没日没夜奔波。直到有一天早上，我完全崩溃了。医生说："你必须卧床休息一年。"

听到这个消息，我整个人都僵住了：那与废物有什么区别，还不如去死！我惊恐极了，为什么这种事会发生在我身上？我做了什么不可饶恕之事要上天如此惩罚我？我哭了好久，怎么也无法接受。不过，我还是遵照医生的话躺在了床上。

我的邻居来看望我，他叫鲁道夫，是位艺术家。他对我说："不要以为你躺在床上整整一年是件很糟糕的事。其实你完全可以利用这段时间真正了解自己。一年，你在心灵上的成长可以抵得上你过去的几十年。"

听了他的话，我平静了许多，开始努力建立另一套价值观。我阅读一些启发人心的书。有一天我听到收音机里的播音员说道："你所表现出来的永远只是你内心世界的反映。"我以前不止一次听过这句话，但唯有这次才真正听到心里去了。

于是，我开始去想些增强自信的事情。每天早晨一醒过来，我就强迫自己想一遍我所拥有的应该对这一世界充满感激的事：我的身体没有疼痛，我有个可爱的小女儿；我能看到美丽的景致，能听收音机里悦耳的音乐，能吃美味的食物；有无数的好朋友关心我；在我住院期间，医生不得不限制一次只能容许一位来访，而且还有时间限制。

从降生到现在，我都在过着丰富、活跃的生活，现在我深深地感谢躺在床上的那一年，那是我在亚利桑那州最有价值、最快乐的一年。就在那一年，我养成了每天早上先清点一下自己所拥有的幸福这个习惯，并沿用至今。这已成为我最宝贵的财产。我得承认在生命出现危机之前，我并没有真正活过。

露丝，我要告诉你，你所受到的教训与200年前英国著名作家约翰逊所发现的惊人的相似。他说："能看到每件事情最好的一面，并养成一种习惯，这真是千金不换的珍宝。"

有必要说明的是，说这句话的人可不是职业性的乐观主义者。事实上，他曾经深受焦虑、饥饿、穷困之苦，正是凭借这句警言终于成为当时最著名的作家与评论家。

罗根·皮尔萨尔·史密斯用很简单的几句话，说了一番大道理。他说："生活中应该有两个目标：首先，要得到你所想要得到的；然后，在得到之后要能够享受它。只有最聪明的人才能做到第二步。"

有一位名叫波姬·达尔的女人，她写了一本书，是《我希望能看见》，这是一本以谈论难以置信的勇气生活而很富启发性的书。作者的生存状态艰难到把在厨房水槽洗一次碗，都当作是一次难得的经验。你若有兴趣，可以到图书馆去借，或者到当地书店去买，或者向纽约市第5街60号的麦克米伦出版社直接函购。

这本书的作者是一个几乎瞎了50年之久的女人。"我只有一只眼睛，"她写道，"而眼睛上还满是斑点，只能透过眼睛左边的一小部分看东西。看书的时候必须把书本拿得贴近我的脸，而且不得不把我那一只眼睛尽量往左边斜过去。"

可是她不愿意接受别人的怜悯，不愿意别人认为她“异于常人”。小时候，她想和其他的小孩子一起玩游戏，可是她看不见地上所画的任何记号，所以在其他的孩子都回家以后，她就趴在地上，把眼睛贴在地上瞄过去瞄过来。她把她的朋友们所玩的那地方的每一点都牢记在心，所以不久后就成为玩游戏的好手了。她在家里看书，把印着大字的书靠近她的脸，近到眼睫毛都碰到书页上。后来她得到两个学位：先在明尼苏达州立大学得到学士学位，再在哥伦比亚大学得到硕士学位。

她得到的第一份工作，是在明尼苏达州的一个小村子里教书，然后成了南达科他州奥格塔那学院的新闻学和文学教授。她在那里教了 13 年书，也在很多妇女俱乐部发表演说，还在电台主持谈书籍和作者的节目。她说：“在我的脑海深处，常常怀着一种怕会完全失明的恐惧，为了要克服这种恐惧，我对生活采取了一种很快活而近乎戏谑的态度。”

然而在 1943 年，也就是她 52 岁的时候，一个奇迹发生了。她在著名的梅育诊所施行了一次手术，使她的视力比以前扩大了 40 倍。

一个崭新的、五彩缤纷的、可爱的世界展现在了她的眼前。她发现，即使是在厨房水槽前洗碟子，也让她觉得非常开心。“我开始玩着洗碗盆里的肥皂泡沫，”她写着，“我把手伸进去，抓起一大把小小的肥皂泡沫，我把它们迎着光举起来。在每一个肥皂泡沫里，我都能看到一道小小彩虹闪出来的明亮色彩。”

在水槽的上方有一扇小窗户，从窗口望出去，她看到了白白的积雪，看到了一只“振动着灰黑色的翅膀飞过积雪的麻雀”。

仅仅看到肥皂泡与麻雀，她就很满意、很欣喜了，于是便有了她那本书的结尾：“亲爱的主，我不禁低语，我们的上帝，真心感谢你，我感谢你。”

读了这些话，我们应该感到惭愧。这么多年来，我们每天都生活在一个美丽的童话王国里，可是我们却什么也看不见；虽然能够填饱肚皮，却不懂得享受。

你在这个世界上是独一无二的，应该为这一点而庆幸，应该尽量利用大自然所赋予你的一切进行创新。从古至今，所有的艺术都带着创作者自己的特色；你只能唱你自己的歌，你只能画你自己的画，你只能做一个由你的经验、你的环境和你的家庭所造就的你。

保持自我的本色

在我着手写这本书时，我收到了一封北卡罗来纳州艾尔山的伊笛丝·阿尔雷德太太寄来的信。她在信中讲述了她自己的故事。

我从小就特别敏感而腼腆。我的身体一直很胖，而我的脸更显胖。我有一个很保守的母亲，她认为只有愚蠢的女孩才通过漂亮的衣服展示自己。她总是对我说："宽衣好穿，窄衣易破。"我的衣服总是宽宽大大、长可及膝。上学后，我从来不和其他孩子一起做室外活动，甚至不愿上体育课。我非常害羞，觉得我跟其他人都"不一样"，完全不讨人喜欢。

长大之后，我嫁给了一个比我大好几岁的男人，可是我并没有改变。我丈夫一家人都很好，也充满了自信。他们希望能改变我的性格，但我却办不到。他们为使我开朗而做的每一件事情，都只能令我更退缩到我的壳里去。我变得紧张不安，躲开了所有的朋友，甚至害怕听到门铃声。我知道我是一个失败者，又怕我的丈夫会发现这一点。所以每次我们出现在公共场合的时候，我都假装很开心，结果常常做得太虚假而让人远远避开。事后我会为此而难过好几天。久而久之，不开心的事情越来越多，使我觉得再活下去也没有什么意思了，我开始想自杀。

那么，是什么改变了这个几乎自杀的女人呢？阿尔雷德太太说：

后来，我婆婆随口说出的一句话，改变了我的整个生活。有一天，我婆婆正在谈她怎么教养她的几个孩子，她说："不管事情怎么样，我总会要求他们保持自我本色。""保持自我本色"这句话在我的耳畔不断轰鸣。在这一刹那间，我突然发现了我苦恼的根源，那就是我一直试图让自己适合于一个并不适合我的模式。

一夜之间我开窍了。我开始保持自我本色。我试着研究我自己的个性，试着发掘我究竟是个怎样的人。我研究我的优点，研究色彩和服饰的关系，尽量按照我的身材和个性去选购衣服。我开始主动去交朋友，还参加了一个社团组织，开始时很害怕，但每一次发言都会使我增加一点儿勇气。一段时间过后，我终于找到了快乐的感觉，这是我没有想到的。在教养我自己的孩子时，我也以自己以前的痛苦生活为镜子，鼓励他们遵循自然，"保持自我本色"。

詹姆斯·高登·季尔基博士说："保持自我本色的问题像人类历史一样古老，而且是全人类的问题。"很多精神、神经质心理方面的问题，其隐藏的病因往往是他们不能保持自我本色、矫揉造作。

安吉罗·帕屈在幼儿教育方面，曾写过13本书和数以千计的文章。他说："没有人比那些想做其他人——除他自己以外其他的人，更痛苦的了。"

这种异想天开的想法，在好莱坞尤其流行。山姆·伍德是好莱坞最知名的导演之一。他说他在启发一些年轻的演员时，所碰到的最头痛的问题就是，要让他们保持自己的本色。他们都想做二流的拉娜·特勒斯，或者是三流的克拉克·盖博。"观众已经很熟悉那种味道了，"山姆·伍德不停地告诫他们，"他们现在需要点儿新鲜的。"

山姆·伍德在导演《别了，希普斯先生》和《战地钟声》等影片前，一直都在从事房地产业，因此他培养了一种销售员的个性。他认为，商界中的一些规则在电影界也完全适用。完全模仿别人只能一事无成。"经验告诉我，"山姆·伍德说，"最保险的办法就是，尽可能不用那些喜欢跟风、模仿他人的演员。"

我曾请教一家石油公司的人事主任保罗·伯恩顿，问他前来求职的人常犯的最大错误是什么。他曾经和六万多名求职者面谈过，还写过一本名为《谋职的六种方法》的书。他回答说："来求职的人所犯的最大错误就是不保持自己的本色。他们不以真面目示人，不能以诚待人，还给你一些莫名其妙的回答。"这种做法令用人单位很反感。因为没有人愿意要伪君子，就像没有人愿意收假钞票一样。

我知道有一位出生在工薪家庭的女孩就是很辛苦才学到这个教训的。她想当歌星，但相貌不够漂亮——嘴巴太大，还长着龅牙。她第一次在新泽西的一家夜总会里公开演唱时，一直想用上唇遮住龅牙，她企图让自己看起来高雅靓丽一些，结果却把自己弄得像个小丑。如果一直这样下去，她注定要被舞台遗弃。

幸好当晚在座的一位男士认为她很具演唱潜能，他很直率地对她说："我看了你的表演。很显然，你一直在掩饰着什么，你觉得你的牙齿很难看？"

那女孩脸红得像个苹果，不过那个人还是继续说下去："龅牙并不能说明什么。观众喜欢自然的表露，所以不要试图去掩饰什么，张开嘴就唱。你越不以为然，听众就会越爱你。现在你以为龅牙很难看，也许将来它还会带给你财富和地位呢！”

凯丝·达莱接受了这位男士的建议，把龅牙的事抛诸脑后。从那以后，她只把注意力集中在观众身上。她激情投入的演唱风格，使她后来成为电影及电台中走红的顶尖歌星。现在，很多新人倒想来模仿她了。

著名的威廉·詹姆森在谈到那些从来没有发现自己能力的人时说：“一般人只发展了 10%的潜在能力，跟我们应该做到的比较，我们等于只用了一半；对我们身心两方面的能力，我们只使用了很小的一部分。再扩大一点来说，人往往都活在自己所设的限制中，我们拥有各式各样的资源，却常常习惯性地不懂得怎么去利用。”

我们每个人都有这样的能力，所以我们不要再浪费任何一秒钟去处心积虑地想成为其他人。要知道，你在这个世界上是独一无二的，将来直到永远永远，也不可能再有一个与你一模一样的人。

遗传学告诉我们，一个人某种能力的形成，取决于父亲的 23 条染色体和母亲的 23 条染色体所遗传的是什么。在每一个染色体里可能有几十个到几百个遗传因子。在某些情况下，每一个遗传因子都能改变一个人的一生。是的，人类生命的形成真是一种全人类敬畏的奥妙。

即使你父母相亲相爱，那么，孕育和你完全一模一样的人，也只有三十亿分之一的机会。也就是说，即使你有三十亿个兄弟姐妹，也可能都跟你完全不一样。我并非凭空杜撰，而是有科学依据的。阿伦·舒因费有一本书叫《遗传与你》，详细介绍了遗传学方面的知识，你若有兴趣不妨借来一阅。

我是有资格和你谈谈保持自己本色这个问题的，因为我有过代价相当大的痛苦经验。

很早以前，当我由密苏里州的乡下到纽约去的时候，我进了美国戏剧学院，希望能做一名演员。我当时有一个自以为非常聪明的想法——我要去学当年那些有名的演员怎样演戏，学会他们的优点，然后把每一个人的长处学下来，使我自己成为一个集所有优点于一身的名演员。

多么愚蠢！多么荒谬！我居然浪费了很多时间去模仿别人。最后我才终于明白，我一定得维持自己的本色，我不可能变成任何其他人。

经过那样惨痛的教训，我仍没有总结经验。后来我又头脑发热，想写一本书，并希望那是所有关于公开演说的书中最好的一本。在写那本书的时候，我又有了和以前演戏时一样的笨想法。我打算把很多其他作者的观念都“借”过来放在那本书里，使那本书能够包罗万象。

于是，我去买了十几本著名演说家所写的书，花了很长时间吸收他们的想法，变成我的文章。可是最后我再一次发现我又做了一件傻事：这种把别人的观念整个凑在一起而写成的东西非常做作，非常沉闷，没有一个人能够坚持读下去。所以我把一年的心血都丢进了废纸篓里，重新开始。

这一回我对自己说：“你一定得维持你自己的本色，不论你的错误有多少，能力多么的有限，你也不可能变成别人。”

于是，我不再试着做其他所有人的综合体，而是卷起我的袖子来，做了我最先就该做的那件事——我写了一本关于公开演讲的教科书，完全以我自己的经验、观察，以一个演说家和一个演说教师的身份来写。我终于达到了牛津大学英国文学教授华特·罗里的境界，他说：“我没有办法写一本足以媲美莎士比亚的书，可是我可以写一本由我写成的书。”

大名鼎鼎的欧文·柏林曾对已故的乔治·格希文有一个“保持自己本色”的劝告，非常经典。柏林和格希文初次见面的时候，柏林已经很有名；而格希文还是一个刚出道的年轻作曲家，一个礼拜只赚35美元。柏林很欣赏格希文，就问格希文想不想做他的秘书，薪水大概是他当时收入的3倍。

"不要接受这份工作，"柏林忠告说，"如果你接受的话，你可能会变成一个二流的柏林。但如果你坚持继续保持你自己的本色，总有一天你会成为一个一流的格希文。"

格希文听从了这个劝告。后来他慢慢地成为了美国最重要的作曲家之一。

查理·卓别林以及其他所有的名人都曾经学到这个教训，而且多数人都先付出了惨痛的代价。

卓别林开始时听从导演的安排一心去模仿当时的一位著名影星，结果一事无成，直到他开始成为他自己，才渐渐成功。

玛丽·马克布莱德也曾试着模仿一位爱尔兰明星，但不成功。后来她还以本来面目——一位由密苏里州来的乡村姑娘——才一夜成名，坐上了纽约市播音明星的宝座。

吉瑞·奥特利一直想变成一个地地道道的城里人，于是他跟别人说自己是纽约人，还学纽约口音，结果只得到了别人的讪笑。直到他开始重拾三弦琴，演唱乡村歌曲，才奠定了他在演艺界最受欢迎牛仔歌手的地位。

你在这个世界上是独一无二的，应该为这一点而庆幸，应该尽量利用大自然所赋予你的一切进行创新。从古至今，所有的艺术都带着创作者自己的特色；你只能唱你自己的歌，你只能画你自己的画，你只能做一个由你的经验、你的环境和你的家庭所造就的你。不论好坏，你都应该创造一个属于自己的小花园；不论好坏，你都得在生命的交响乐中，演奏属于你自己的小乐器。

爱默生在《自我信赖》中说得好："在每一个人的教育过程之中，他一定会在某个时期发现：羡慕就是无知，模仿就是自杀。不论好坏，他必须保持自己的本色。虽然广大的宇宙之间充满了好的东西，可是除非他耕作那一块给他耕作的土地，否则他绝得不到好的收成。他所有的能力是自然界的一种新能力，除了他之外，没有人知道他能做出些什么、他能知道些什么，这些都必须是他应该探索求取的。"

如果我能够做到，我会把威廉·伯利梭的这句话刻在铜版上，挂在每一所学校里："生命中最重要的一件事，就是不要把你的收入拿来算作资本。任何一个人都会这样做。真正重要的是，要从你的损失中获利。这就需要有才智才行，聪明人和傻子的区别就在这里。"

将不利因素转化为有利

为了取得如何获得快乐的秘方，我曾求教于芝加哥大学校长罗伯特·哈金斯先生。罗伯特说："我一直按照一个小小的忠告去做，这是已故的西尔斯百货公司董事长朱利亚斯·罗森沃德告诉我的。他说：'如果你手中有个柠檬，何妨榨杯柠檬汁！'"

伟大的人物都采取那位芝加哥校长的做法，但是一般人的做法则相去甚远。要是人们发现生命给他的只是一个柠檬，他就会自暴自弃地说："我完了！这就是命运。我连一点机会也没有。"然后他就开始诅咒这个世界，开始自怨自艾，自暴自弃。

可是，当聪明人拿到一个柠檬的时候，他就会说："从这次失败之中，我可以学到什么呢？怎样才能吃一堑，长一智，怎样才能把这个柠檬做成一杯柠檬汁呢？"

伟大的心理学家阿德勒花了一生的时间来研究人类和人们所隐藏的保留能力，最后宣称发现人类最奇妙的特性是"把负变为正的力量"。

我下面要讲述的这位女士——瑟尔玛·汤普森——的经历正好印证了那句话。

战争时期，为了能够经常与我丈夫团聚，我把家搬到了他驻防的加利福尼亚沙漠陆军基地附近。那实在是个可憎的地方，我简直没见过比那更糟糕的地方。我丈夫出外参加演习时，我就独自待在那间小房子里。那里热得像要把人烤焦，就是在仙人掌树下，温度也要高达华氏 125 度。风沙很大，所有我吃的、呼吸的都充满了沙尘！这还不算，更要命的是没有一个可以讲话的对象，哪怕一只小动物也好啊。

我很悲伤，也很自怜。我写信给父母，说我要崩溃了，准备放弃而回家，一分钟也不想再待在这个地狱般的地方了。我父亲的回信只有 3 行，这几句话常常萦绕在我心中，并改变了我的一生：

“有两个人隔着铁窗往外望去，

一个人看到了满地的泥泞，

另一个人却看到了满天的繁星。”

我一遍一遍地念着这几句话，突然觉得很惭愧。我振作精神，决定找出自己目前处境的有利之处，我要找寻那一片星空。

我开始去接触当地的居民，与他们交谈，了解他们的生活习惯。他们对我很友好，当我对他们的编织与陶艺表现出极大兴趣时，他们会把拒绝卖给游客的心爱之物送给我。我也研究当地的植物，尤其是仙人掌。我试着多认识土拨鼠。我观看沙漠的黄昏，找寻 300 万年前的贝壳化石。我还了解到，这片沙漠在 300 万年前竟是海底。

带来这些惊人改变的是沙漠吗？沙漠并没有发生改变，改变的只是我自己。因为我的态度改变了，正是这种改变使我有了一段精彩的人生经历。这里的一切都让我既兴奋又刺激。我决定写一本小说，记录我的这段美丽的历程。我终于超越了自我，找到了那片星空。

“最美好的事往往也是最困难的。”瑟尔玛·汤普森所发现的正是耶稣诞生前500年希腊人发现的真理。

20世纪的哈里·爱默生·佛斯狄克也告诉我们：“快乐大部分并不是享受，而是胜利。”不错，这种胜利来自于一种成就感、一种得意，也来自于我们能把柠檬榨成柠檬汁。

我曾造访过佛罗里达州一位快乐的农夫，他甚至把一个“毒”柠檬做成了甜柠檬汁。这位农夫用多年积攒的钱买下了一片农场，结果令他非常颓丧。那块地既不能种水果，也不能养猪，能生长的只有白杨树及响尾蛇。后来他想到了一个好主意，他要把那些响尾蛇变成他的资源。他的做法使每一个人都很吃惊，因为他开始生产响尾蛇肉罐头。

当我专程去拜访他时，我发现每年来参观他的响尾蛇农场的游客差不多有两万人。他的生意做得非常大。他将响尾蛇的蛇毒取出来，运送到各大药厂去做蛇毒的血清；将响尾蛇皮以很高的价钱卖出去做女人的鞋子和皮包；将装着响尾蛇肉的罐头销到了世界各地。我买了一些当地的风景明信片到村中邮局去寄时，发现邮戳盖着“佛罗里达州响尾蛇村”。可见，当地人是多么尊敬这位把“毒”柠檬做成了甜柠檬汁的先生！

我在全美各地的旅行中，有幸认识了许多“把负变正”的男人和女人。

已故的威廉·伯利梭生前曾经这样说过：“生命中最重要的一件事就是不要把你的收入拿来算作资本，任何一个人都会这样做。真正重要的是，要从你的损失中去获利。这就需要有才智才行，聪明人和傻子的区别就在这里。”

伯利梭曾在一次火车失事中摔断了一条腿。不过还有一个断掉两条腿的人，也把负的转为了正的。他的名字叫本·佛森。我是在佐治亚州大西洋城一家旅馆的电梯里碰到他的。在我踏入电梯的时候，我注意到这个看上去非常开心、两条腿都断了的人。当电梯停在他要去的那层楼时，他和善地问我是否可以让一下路，然后说“让你不方便了”。从始至终，他的脸上都流露出非常快乐的神情。

我回到房间之后，脑海里始终回荡着那个人的笑容，于是我去找他，请他把他的故事告诉我。

“事情发生在 1929 年，”他微笑地告诉我，“我砍了一大堆胡桃木的枝干，准备做我的菜园里豆子的撑架。我把那些胡桃木枝干装在我的福特车上，开车回家。中途，一根树枝滑到车下，卡在车轴上，当时正是在车子急转弯的时候。车子冲出路外，我撞在一棵树上。我的脊椎受了伤，两条腿再也站不起来了。”

“那一年我才 24 岁，从那时起我就再没有走过一步路。”

那么年轻就被判终生坐着轮椅过活。我问他怎么能够这样勇敢地接受这个事实，他说：“我当时也确实难以接受。心中充满了愤恨和难过，每天都在抱怨命运对自己的不公。可是随着时间一年年过去，我终于发现愤恨除了使我的脾气见长外，什么也没让我做成。我体会到，大家对我那么好，那么有礼貌，所以我至少应该做到一点，对别人也很有礼貌。”

我问他，随着时间的流逝，他是否还觉得他所碰到的那次意外是一次很可怕的不幸。“不会了，”他毫不犹豫地说，“相反，我现在还很庆幸有过那一次经历。”

他告诉我，当他克服了当时的震惊和悔恨之后，就开始生活在一个完全不同的世界里。他开始看书，对好的文学作品产生了兴趣。他说，在 14 年里，他至少读了 1400 多本书，这些书为他带来了一个新奇的世界，使他的生活比以前所想到的更为丰富。他开始聆听很多好音乐，以前让他觉得烦闷的伟大的交响曲，现在都能使他非常受感动。

更为重要的是，他现在有时间去思想。“有生以来第一次，”他说，“我能让自己仔细地看看这个世界，有了真正的价值观；

我开始了解以往我所追求的事情，大部分实际上一点价值也没有。”

读书思考的结果，使他对政治有了兴趣。他研究公共问题，坐着轮椅去发表演说。由此他认识了很多人，很多人也认识了他。今天，本·佛森——仍然坐着他的轮椅——做了佐治亚州州务卿。

我在纽约开办成人教育班时，发现有很多人都认为没有上过大学是人生的一大憾事、一种缺陷。而我认识的许多成功人士都没有上过大学，因此我知道这一点并没有这么重要。于是我经常给我的学员讲一个有关失学者的故事。

> 他父亲在他很小的时候就去世了，他的母亲每天必须在一家制伞工厂工作10个小时，还要带一些活回家，一直干到晚上11点。
>
> 就是在这种困苦的环境下，他渐渐长大了。有一次他参加教会的戏剧表演，觉得表演非常有趣，于是就开始训练自己在公众场合演说的能力。后来他也因此进入了政界。他当选为纽约州议员时才30岁。对接受这样的重大的责任，他其实还没有准备妥当。他坦白地告诉我，他当时根本就不清楚州议员具体该做哪些工作。他开始研读冗长复杂的法案，这些法案对他来说，就跟天书一样。他被选为森林委员会的一员，可是他从来没有走进过森林，所以他非常担心。他又被选入银行委员会，可是他连银行账户也没有，因此他十分茫然。他告诉我如果不是不想让母亲失望，不想让母亲知道他的儿子很无能，他早就辞职回家了。绝望中，他决定一天研读16个小时，把自己无知的酸柠檬做成知识的甜柠檬汁。努力终有回报，他由一位地方政治人物又提升为全国性的政治人物，甚至《纽约时报》都尊称他是“纽约

最受欢迎的市民”。

你知道这位杰出人物是谁吗？他就是阿尔·史密斯。

自阿尔进行自我教育的 10 年间，他不但成了纽约州政府的公认活字典，还创造了连任 4 届纽约州长的纪录。1928 年，他当选为民主党总统候选人。包括哥伦比亚大学及哈佛大学在内的 6 所著名大学都曾颁授荣誉学位给这位自小就失学了的人。

阿尔认真地告诉我说：如果不是我一天勤读 16 个小时，把我缺失的那些弥补过来，我绝对不会有今天的成就。

尼采对超人的定义是：“不仅是在必要情况之下忍受一切，而且还要喜爱挑战这种情况。”

我对那些事业有成者的研究越深入，就越深刻地感觉到，他们之中有非常多的人之所以成功，是因为他们开始的时候都有一些会阻碍到他们的缺陷，促使他们加倍努力去得到更多的报偿。正如威廉·詹姆森所说：“我们的缺陷对我们有意外的帮助。”

是的，很可能弥尔顿就是因为瞎了眼，才写出了更好的诗篇；而贝多芬也可能因为聋了，才能做出更好的曲子。海伦·凯勒之所以能有光辉的成就，也许就是因为她的瞎和聋。

如果柴可夫斯基不是那么的痛苦——他那个悲剧性的婚姻几乎使他濒临自杀的边缘，如果他自己的生活不是那么的悲惨，他也许永远不能写出他那首不朽的《悲怆交响曲》。

如果陀思妥耶夫斯基和托尔斯泰的生活不是那样的充满悲惨，他们可能也永远写不出那些不朽的小说。

开创生命科学的达尔文也说：“如果我不是那么无能，我也许不会做到我所完成的这么多工作。”很显然，他坦诚自己受到过缺陷的刺激。

就在达尔文降生的那天，另一个生命在美国肯塔基州森林的一个小木屋里诞生了。他也是受到自己缺陷的激发而成就了一世伟业。他就是亚伯拉罕·林肯。如果他出生在一个贵族家庭，在哈佛大学法学院得到学位，又有幸福美满的婚姻生活，他也许绝不可能在他心底深处找出那些在葛底斯堡所发表的不朽演说；也不会有在他第二次政治演说上的所说的那句如诗般的名言——这是美国的统治者所说过的最美也最高贵的话：“不要对任何人怀有恶意，而要善心施予众人……”

佛斯狄克在其著作中说道：“冰冷的北极风造就了因纽特人，这是斯堪的纳维亚地区的一句俗语。我们谁能相信人们会因为舒适的日子，没有任何困难而觉得快乐？一个自怜的人即使舒服地靠在沙发上，也不会停止自怜。反倒是不计环境优劣的人常能快乐，他们极富个人的责任，从不逃避。我要再重复一遍：顽强的因纽特人是冰冷的北极风所造就的。”

如果我们真的灰心到看不出有任何转机，我们也必须试一试以下两个理由。这两个理由保证我们试了只会更好，不会更坏。

一个理由是：我们可能成功。

另一个理由是：即使没有成功，这种为成功而做的努力也会给我们信心，也会驱除消极的想法，代之以积极的思想。它激发创造力，促使我们忙碌，也就没有时间与心情去为那些往事忧虑、悲伤了。

在一次音乐会上，世界著名的小提琴家欧尔·布尔的小提琴的A弦突然断了，他面不改色地以剩余的3条弦演奏完全曲。“这就是人生，断了一条弦，你还能以剩余的3条弦继续演奏。”佛斯狄克说。

这已不是单纯的人生，而是超越生命的凯歌！

如果我能够做到，我会把威廉·伯利梭的这句话刻在铜版上，挂在每一所学校里：“生命中最重要的一件事，就是不要把你的收入拿来算作资本。任何一个人都会这样做。真正重要的是，要从你的损失中获利。这就需要有才智才行，聪明人和傻子的区别就在这里。”

第2章　摆脱烦恼的困扰

如果你被别人踢了，或者是被别人恶意批评了，请记住，他们之所以这样做，是因为这能使他们获得一种自以为重要的感觉，而这通常也意味着你已经有所成就，并且值得别人注意。

哲学家叔本华说过："小人常为伟人的缺点或过失而得意。"有很多人都是凭借指责比自己强大的人来得到满足感的。所以，如果你受到批评，不要气馁。因为批评你会给他一种满足感，也说明你是有成就的，是引人注意的。

如若你的年龄还不到18岁的话，那么你可能即将做你生命中最重要的两项决定。这两项决定将深深地改变你的一生；这两项决定对你的幸福、你的收入、你的健康，可能有深远的影响；这两项决定可能使你今后的人生飞黄腾达，也可能会使你落魄一生。

如果我们达不到我们想要的目标，最好不要让忧虑和悔恨来苦恼我们的生活。我们要学会原谅自己，要放豁达一点。

当你因为不公正的批评而忧虑的时候，请你这样想：不公正的批评通常是一种变态的恭维。

不要以批评他人来满足自己

1929年，一个年仅30岁的年轻人被任命为芝加哥大学校长。芝加哥大学在美国大学中排名第四位。这件事震动了美国教育界，各地学者纷纷前往芝加哥，都想知道这位新校长是个什么样的人。

原来，这个引起轰动的年轻人名叫罗伯特·哈金斯，半工半读地从耶鲁大学毕业后，做过作家、伐木工人、家庭教师和卖成衣的售货员。8年后，他一跃而升为芝加哥大学的校长。他的阅历真令人难以相信。

老一辈教育人士都大摇其头，人们对他的批评就像山崩落石一样，一齐打在这位“幸运儿”的头上。有的说他太年轻了，经验不够；有的说他教育观念不成熟。总之，说什么难听话的都有，甚至各大报纸也参与了攻击。

在罗伯特·哈金斯就任那天，有一个朋友对他的父亲说：“今天早上我看见报纸上的社论攻击你的儿子，我真替他担心。”

“我也看见了，”哈金斯的父亲回答说，“话说得很凶。可是请记住，从来没有人会踢一只死狗的。”

不错，一只狗越重要，踢它的人越能够感到满足。后来成为英王爱德华三世的温莎王子（即温莎公爵），他的屁股也被人狠狠踢过。当时他在帝文夏的达特莫斯学院读书——这个学校相当于美国安那波里市的海军学院。

温莎王子那时候才 14 岁。有一天，一位海军军官发现他在哭，就问他怎么了。他起先不肯说，后来终于说了真话：他被海军军官学校的学生踢了几脚。指挥官把所有的学生召集起来，向他们解释王子并没有告状，可是他想晓得这些人为什么要这样虐待温莎王子。

大家推诿，拖延了半天之后，才有人承认说：等他们自己将来成了皇家海军的指挥官或舰长的时候，他们希望能够告诉别人，他们曾经踢过国王的屁股。

可见，有很多人都是凭借指责比自己强大的人来得到满足感的。所以，如果你受到批评，不要气馁。因为批评你会给他一种满足感，也说明你是有成就的，是引人注意的。

哲学家叔本华说过："小人常为伟人的缺点或过失而得意。"

可能谁都不会认为耶鲁大学校长是一个庸俗的人，可是担任过耶鲁大学校长的蒂莫西·德怀特却对一个竞选总统的人破口大骂："如果此人当上总统，我们就会看见我们的妻子和女儿成为合法卖淫的牺牲者。我们会大受羞辱，受到严重的损害，我们的自尊和德行都会消失殆尽，使人神共愤。"

乔治·华盛顿也曾经被人家骂作"伪君子""大骗子"和"只比谋杀犯好一点点"的人。有张报纸上的漫画画着他站在断头台上，那把大刀正准备把他的头砍下来；在他骑马从街上走过的时候，还有一大群的人围着他又叫又骂。

不过这些都是很久很久以前的事了，也许从那时候开始，人性已经有所改进。让我们拿 1909 年 4 月 6 日乘雪橇到达北极而震惊全球的著名探险家皮尔里海军上将作例子。

几百年来，无数勇敢的人为了要达成这个目标而挨饿受冻，甚至丧生。皮尔里也差点因为饥寒交迫而死去，他的8只脚趾因冻僵受伤最后不得不割除，他在路上所碰到的各种灾难使他担心自己会发疯。而他那些华盛顿的上级海军官员们却因为他这样受到欢迎和重视而嫉妒非常，于是他们诬告他假借科学探险的名义敛财，然后“无所事事地在北极享受逍遥”。而且他们可能还真相信这句话，因为无知的人是不可能知道冰天雪地的北极那些难以想象的困难的。他们想羞辱和阻挠皮尔里的决心强烈到最后必须由麦金莱总统直接下令，才使皮尔里能在北极继续他的研究工作。

但如果皮尔里当时是在华盛顿的海军总部办公室的话，他就不会引起别人的嫉妒和批评了。

格兰特将军的经历比皮尔里上将更尴尬。

在1862年，格兰特将军赢得了北军第一次决定性的胜利，使得他顿时成为全国性的偶像，甚至在遥远的欧洲也引起了相当大的反应。这场战争使得从缅因州一直到密西西比河岸，处处都敲钟点火以示庆祝。但是在得到这次伟大胜利的6个星期之后，他却莫名其妙地遭到了逮捕，兵权也被剥夺，使他遭受羞辱而失望地哭泣。

为什么格兰特将军会在胜利的巅峰状态被捕呢？是因为他的功绩引起了他的那些不可一世的上级的嫉妒和愤恨。

当你因为不公正的批评而忧虑的时候，请你这样想：不公正的批评通常是一种变态的恭维。

我现在才了解，一般人根本就不会想到你我，或是关心别人批评我们的什么话，他们只会想到他们自己——在早饭前、早饭后，一直到半夜 12 点过 10 分。他们对自己的小问题的关心程度，要比能置你或我于死地的大消息高 1000 倍。

别让批评之箭伤害你

斯梅德利·巴特勒少将，人称“锥子眼”“地狱老恶魔”，他是所有统率过美国海军陆战队将领中最多姿多彩的一位少将。我慕名去访问他。

他并没有人们传言的那么可怕。他告诉我，他年轻的时候拼命想成为最受欢迎的人物，想使每一个人都对他有好印象。在那段日子里，一点点的小批评都会让他难过许久。可是他承认，在海军陆战队的 30 年里使他变得非常坚强。

“我被人家责骂和羞辱过，”巴特勒少将说，“我被那些骂人专家骂过，骂我是黄狗，是毒蛇，是臭鼬。在英文里所有能够想得出来的而印不出来的脏字眼，都曾经用来骂过我。当时我曾为此异常难过。我现在要是听到有人在我后面骂我，我甚至连头都懒得回。”

巴特勒对那些批评谩骂不在乎了，但我们大多数人对这种不值一提的小事情却看得过分认真。我还记得在很多年以前，有一个纽约《太阳报》的记者，参加了我办的成人教育班的示范教学会，然后写了一篇报道，对我的工作以及个人多有攻讦。

我当时非常生气，认为这是他对我个人的一种侮辱。于是，我打电话给《太阳报》执行委员会的主席，一定要他刊登一篇文章说明事情的真相，绝不能这样嘲弄我。我当时下定决心要让他们还我一个公道。

时过境迁，我现在对当时的作为感到非常惭愧。我现在才了解，买那份报的人大概有一半不会看到那篇文章，看到的人里面又有一半会把它只当作一件小事情来看；而在真正注意到这篇文章的人里面，又有一半人在几个星期之后就会把这件事情忘得一干二净。

我现在才了解，一般人根本就不会想到你我，或是关心别人批评我们的什么话，他们只会想到他们自己——在早饭前，早饭后，一直到半夜12点过10分。他们对自己的小问题的关心程度，要比能置你或我于死地的大消息高1000倍。

即使我们被人骗了出卖了，被人打了一顿，被最亲近的密友背叛，我们也不要自怨自艾。相反，我们正好可以提醒自己，那正是发生在耶稣身上的遭遇。他12位最亲信的门徒中，有一位仅仅为了现在算来大约19美元的金钱就背叛了他；另一位则3次公开发誓他与耶稣没有任何关系。出卖他的人占到了六分之一。想一想，连耶稣都有过这样的悲惨遭遇，我们凭什么希望得到更好的境遇呢？

很早以前我就发现，虽然我不能阻止别人不对我做任何不公正的批评，我却可以做一件更重要的事：我可以保证自己不受那些不公正批评的干扰。说得明白些，我并不赞成完全不理会所有的批评，正相反，我所说的只是不理会那些不公正的批评。

有一次，我问罗斯福总统的夫人怎样处理那些不公正的批评，她告诉我说："只要做你心里认为是对的事——因为你反正是会受到批评的，做也该死，不做也该死。"这就是她对我的忠告。

当年在华尔街 40 号美国国际公司任总裁的马修·布鲁斯曾回答过“我对别人的批评是否敏感”的问题。他说：

是的，我早年对这种事情非常敏感。我当时正在树立自己的完美形象，只要听到一点议论，就会使我忧虑。只要哪一个人对我有一些怨言，我就会想法子去取悦他。可是我所做的讨好他的事情，总会使另外一个人生气。然而，等我想尽办法又取悦了这个人，又会惹恼其他的一两个人。

最后我发现，我越想去讨好别人，以避免别人对我的批评，就越会使我的敌人增加。所以最后我对自己说：“只要你超群出众，你就一定会受到批评，还是顺其自然吧！”

从那以后，我就决定只尽我最大能力去做，而把我那把破伞收起来。让批评我的雨水从我身上流下去，而不是滴在我的脖子里。这样做的结果是各种批评议论反而少了。

美国作曲家迪姆斯·泰勒不但能够坦然面对批评，还能在公开场合一笑置之。他有一次在星期日下午的电台音乐节目中发表评论，有位女士写信给他，称他为“骗子、叛徒、毒蛇和白痴”。泰勒在他的著作《人与音乐》中说：

我开始并没有多想，只认为她是随意说说的，不是真心的，于是在下周的广播节目中我向所有的听众念出了这封信。可是几天后，我又收到了那位女士的来信，信中她仍坚持说我是骗子、叛徒、毒蛇与白痴。

泰勒处理别人攻讦的态度——真诚、镇定以及高度的幽默感，实在令人佩服。

一个老德国工人跟其他的工友为战争问题发生争执，结果他被工友们丢到了河里。当他爬上岸时，浑身都是泥和水。他的老板查尔斯·施瓦伯先生问他将怎样惩罚把他丢进河里的人，他说："我只一笑置之。"

后来，施瓦伯到普林斯顿大学发表演讲时，颇为感慨地说，他所学到的最重要一课，就是这个老德国工人教给他的。后来他就把这个老德国工人的话——"只一笑置之"——当作他的座右铭。

当有人不公正地批评你时，这个座右铭尤其管用。别人骂你的时候，你可以回骂他，可是对那些"只一笑置之"的人，你能说什么呢？

林肯若是去计较每一句骂他的话，恐怕他早就受不住内战压力而崩溃了。他写下的关于如何处理对他批评的方法，已经成为一篇文学上的经典之作。在第二次世界大战期间，麦克阿瑟将军曾经把它抄下来，挂在他总部写字台后面的墙上。

丘吉尔也把这段话镶了框子，挂在他书房的墙上。这段话是这样说的：

只要我不对任何攻讦做出反应，这件事就只有到此为止。我尽力而为，我将继续如此直到生命结束。到最后，结果证明我是对的，所有的责难都没有任何意义；反之，结果证明我错了，那么就是有10位天使为我作证，也不会起丝毫作用了。

一个人有勇气承认自己的错误，其实也可以得到某种满足感。因为承认自己的错误不仅可以清除罪恶感和产生自我辩护的气氛，而且有助于解决这项错误所制造的问题。

勇敢地承认错误

我住的地方几乎是纽约的地理中心点，但从我家步行不到一分钟，就可到达一片森林。这块没有被破坏的林地是座森林公园，当春天的时候，树丛里的野花白茫茫一片，松鼠在林间筑巢育子，高过马头的青草郁郁葱葱。我常常带着我的小波士顿斗牛犬雷斯——这是一只友善而不伤人的小猎狗——到公园里散步。因为我们在公园里很少碰到人，我常常不替雷斯系狗链或戴口罩。

有一天，我带着雷斯开始例行的散步活动。不巧的是，在公园遇见一位骑马的警察，他有点迫不及待想要表现出他的权威，因此他威严地说：

“你为什么让你的狗跑来跑去，不给它系上链子或戴上口罩？难道你不晓得这是违法的吗？”

“是的，我晓得。”我轻柔地回答，“不过，我的狗从不咬人。”

“你说不咬，它就不咬了吗？它要是在这里咬死松鼠，或咬伤小孩，你负得起责任吗？这次我不追究，但假如下回让我看到这只狗没有系上链子或戴上口罩在公园里的话，你就必须跟法官解释啦。”

我也的确遵守了，而且遵守了好几次。可是雷斯不喜欢戴口罩，我也不喜欢那样，因此我们决定碰碰运气。事情很顺利，但接着我们就遇上了麻烦。那天下午，雷斯和我正跑上一座小山丘，突然间——很不幸——我看到那位法律的权威，骑在一匹红棕色的马上。雷斯跑在前头，直向那位警察冲去。

我知道这次肯定麻烦了，于是我决定不等警察开口就先发制人，我说："警官先生，这下你当场逮到我了。我有罪，我没有托词，没有借口了。你上星期警告过我，若是再带小狗出来而不替它戴口罩你就要罚我。"

"好说，好说，"没想到警察回答的声调很柔和，"我晓得在没有人的时候，谁都忍不住要带这么一条小狗出来溜达。"

"的确是忍不住，"我回答，"但这是违法的。"

"不过这么小的狗大概不会伤人吧？"警察反而为我开脱。

"是的。但它可能会咬死松鼠。"我说。

"既然如此，"他告诉我，"念你是初犯，我就原谅你……你只要让它跑过小山丘，到我看不到的地方……事情就算过去了。"

和平常人一样，那位警察也希望得到一种尊重感。因此，当我请求处罚的时候，他的自尊心得到了极大的满足，最后就以宽容的态度表现出他的慈悲。

如果我们知道免不了会遭受责备，何不抢先一步，自己先认罪呢？听自己谴责自己不比挨人家的批评好受得多吗？

假若你遇到这种情况，就首先自己承认错误，那么十之八九会得到宽厚谅解，就像那位宽容的警察对待我和雷斯那样。

商业艺术家费丁南·华伦曾使用这个技巧，赢得了一位暴躁易怒的艺术品顾主的好印象，下面就是华伦先生讲的一个小故事。

绘制商业广告和出版物最基本的要求就是要精确，要一丝不苟。有些艺术编辑性格急躁，往往要求他们所交下来的任务立刻完成。在这种情形下，难免会出现一些小错误，而且有些艺术组长还喜欢从鸡蛋里挑骨头。我每次离开他们的办公室时，心里总是不大舒服，不是因为他的批评，而是因为他攻击我的方法。

最近我交了一件万分火急的稿子给一位艺术组长，他打电话给我，要我立刻到他办公室去。他说出了问题。当我到办公室之后，正如我所料——麻烦来了。他满怀敌意，似乎很高兴有了挑剔我的机会。他恶意地责备我一大堆问题——这正好是我运用所学进行自我批评的机会。因此我说："你批评得非常正确，我的失误太大了。我为你做了这么多年稿，实在不该出这样的低级错误。我觉得惭愧。"

我的沉痛表情改变了他的态度，他反而为我辩护起来："是的，你的话并没有错。不过，毕竟这不是一个严重的错误，只是……"

我说："你不必为我说话。任何错误，代价可能都很大，都叫人不舒服。"

他又想插嘴，但我不给他机会。有生以来我第一次批评自己——我的感觉非常好。

"我不应该那么粗心，"我继续说，"你给我提供的工作机会很多，照理我应该使你满意，因此我打算重新再来。"

"好了！好了！"他脸上有了笑意，"不用那么麻烦了。"他开始赞扬我的作品，告诉我他只需要稍微修改一下就行了，又说一点小错不会花公司多少钱。毕竟，这只是小节——不值得担心。

我再一次严厉地批评自己，使他怒气全消。结果他邀我共进午餐，分手之前他开给我一张支票，又交代我另一件工作。

一个人有勇气承认自己的错误，其实也可以得到某种满足感。因为承认自己的错误不仅可以清除罪恶感和产生自我辩护的气氛，而且有助于解决这项错误所制造的问题。

保护自己，为自己的错误辩护，是人的天性。但是，能承认自己错误的人，都会获得别人的谅解，并给人以谦恭而高尚的印象。在香港卡耐基课程任教的麦克·庄告诉我们，中国文化所带来的一些特别的问题，在某些时候应用某一项原则，可能比遵守一项古老的传统更为有益。他班上有一位中年同学，多年来他的儿子都不理他。原因是这位做父亲的以前是个鸦片鬼，但是现在已经戒掉了烟瘾。

根据中国传统，年长的人向晚辈承认错误是一件很丢面子的事。他认为他们父子要和好，必须由他的儿子采取主动。在这个课程刚开始的时候，他和班上同学谈到他从来没有见过的孙子，以及他是如何地渴望和他的儿子团聚。他的同学都是中国人，了解他的欲望和古老传统之间的冲突。这位父亲觉得年轻人应该尊敬长者，他已经改掉了坏习惯，所以他的儿子应该向他低头。

但这个课程快结束的时候，这位通过学习长了见识的父亲却改变了看法。“我仔细考虑了这个问题。”他说，“戴尔·卡耐基说：‘如果你错了，你就应该马上并且明白地承认你的错误。’我现在去承认错误虽然已经太晚了，但是总能表明我的诚意。我错怪了我的儿子，他不来看我，以及把我赶出他生活之外，是完全正确的。我去请求年幼的人原谅我，固然使我很没面子，但是犯错的是我，我有责任承认错误。”

全班同学都为他的省悟鼓掌，并且完全支持他。在下一堂课中，他满面笑容地讲述了他怎样到他儿子家里，请求原谅，并且怎样开始和他的儿子、儿媳以及终于见到面的孙子建立起新的关系。

在美国历史上，对南北战争时的李将军有一笔极美好的记载，就是他把毕克德进攻葛底斯堡的失败全部归咎在自己身上。

毕克德的那次进攻，无疑是西方世界史上一场最显赫、最辉煌的战斗。毕克德本身就很辉煌。他长发披肩，并且跟拿破仑在意大利战场上一样，差不多每天都在战场上写情书。

在那悲剧性的7月午后，当他的军帽斜戴在右耳上方，轻盈地放马冲刺北军时，他那群效忠的部队不禁为他喝彩起来，跟随他向前冲刺。队伍密集，军旗翻飞，军刀闪耀，阵容威武、骁勇、壮大，连北军都为这支勇敢出色的队伍喝彩。

毕克德的队伍轻松地向前冲锋，穿过果园和玉米田，踏过草地，翻过山丘。同时，北军大炮一直没有停止向他们轰击。但他们继续挺进，毫不退缩。

忽然，北军步兵从隐伏的山脊后面冲了出来，对着毕克德那毫无防备的军队发起一阵又一阵射击。山间硝烟四起，惨烈犹如屠场，一排排的人犹如割倒的麦穗整齐地躺倒在地上。几分钟之内，毕克德麾下所有的旅长除一人之外，全体阵亡，5000士兵折损4000。毕克德统率其余部队拼死冲刺，奔上石墙，把军帽顶在指挥刀上挥舞，高喊："弟兄们，宰了他们！"

他们做到了。他们跳过石墙，用枪把、刺刀拼死肉搏，最终把南军军旗竖立在墓地山脊北方军的阵地上。

军旗只在那儿飘扬了一会儿，但那短暂的一会儿，却是南军战功的辉煌纪录。毕克德的冲锋虽然光荣、勇敢，然而都是战争进入尾声的转折点。李将军失败了。他没办法突破北方，而他也明白这点。

南方失败的命运早就注定了。

李将军震惊不已，异常沉痛的他将辞呈送交南方的戴维斯总统，请求改派"一个更年轻有为之士"来统率部队。假如李将军要把毕克德的进攻所造成的惨败归咎于任何人的话，他能够找出数十个借口：有些师长失职，骑兵到得太晚，不能接应步兵……总之，可以说这事不对，那事也错了。

但是李将军太高尚了，他不愿意责怪别人。当残兵从前线退回南方战线时，李将军亲自出迎，自我谴责起来。“这是我的过失，”他承认说，“我，因我一个人，打输了这场战斗。”

历史上很少有将军有如此的勇气和情操，敢于自己承担战争失败的责任。

艾柏·赫巴是一位独具风格的风云作家。他那尖酸的讽刺文字常常闹得满城风雨。但是赫巴那少见的待人处世技巧，常常将他的敌人变成朋友。

曾经有一位愤怒的读者写信给他，表示对他的某些文章不以为然，结尾又痛骂他一顿。赫巴却不愠不怒地这样回复：

回想起来，我也不完全同意自己的认识。我昨天所写的东西，今天不见得全部满意。我很高兴知道你对这件事的看法。下回你在附近时，欢迎驾临，我们可以交换意见。遥祝诚意。

赫巴谨上

面对这样一个虚心诚恳的人，你就是有满腔的仇恨，又能怎么样呢？

当我们的意见正确时，我们要试着温和地、技巧地使对方同意我们的看法；而当我们错了——不要回避，更不要强词夺理——应迅速而热诚地承认。这种技巧不但能产生惊人的效果，而且，信不信由你，任何情形下，都要比为自己争辩要有利得多。

请记住一句古语：“用争斗的方法，你绝不会得到满意的结果。但用让步的方法，收获会比预期的高出许多。”

我要告诫青年朋友的是，不要因为你的家人希望你做什么，你就勉强自己从事某一行业。不要贸然从事某一行业，除非你真的喜欢。

人生最重要的抉择

本章是为那些尚未找到理想工作的青年男女而写的。如果你处于这种情况，阅读本章会对你将来的生活产生深远的影响。

如若你的年龄还不到18岁的话，那么你可能即将做你生命中最重要的两项决定。这两项决定将深深改变你的一生；这两项决定对你的幸福、你的收入、你的健康，可能有深远的影响；这两项决定可能使你今后的人生飞黄腾达，也可能会使你落魄一生。

那么，是什么决定如此重要呢？

第一个决定：你将以何为生？你是想做一名农夫、邮差、化学家、森林管理员，还是做一名速记员、兽医、大学教授呢？或是想摆一个牛肉饼摊子？

第二个决定：你将选择谁做你的终身伴侣？

这两项重大决定通常都像赌博。哈里·爱默生·佛斯狄克在他的《透视的力量》中说："每位小男孩在选择度过一个假期的方式时，都是一个赌徒。他必须以他的日子作赌注。"

怎样降低选择假期时的这种赌博性风险呢？下面我将尽可能地告诉你。首先，如果可能的话，应试着去寻找你所喜欢的工作。有一次我请教大卫·古里奇轮胎制造商古里奇公司的董事长，成功的第一要素是什么。他回答说："喜爱你的工作。如果你喜欢你所从事的工作，那么工作就犹如做游戏。”

爱迪生就是一个很好的例子。这位未曾进过学校的送报童，后来竟改变了美国的工业和生活状况。爱迪生几乎每天都在他的实验室里辛苦工作 18 个小时，在那里吃饭、睡觉，但他丝毫不以为苦。他说：“我一生中从未做过一天苦工，我每天都快乐无比。”

这就是他成功的奥秘。

查理·史兹韦伯也有这样的论断，他说：“每个从事他所无限热爱的工作的人，都可以成功。”

或许你会说：“我刚刚由学校毕业，对工作毫无了解，怎么会知道我对哪项工作感兴趣呢?”艾得娜·卡尔夫人曾为杜邦公司雇用过数千名员工，现为美国家庭产品公司的公共关系部副总经理。她说：“我认为，世界上最大的悲剧，就是许多年轻人根本从未想过，也不知道他们究竟想做些什么。我想，一个人如果只从他的工作中获得薪水，而无其他作为，那才是最可怜的。”

卡尔夫人说，每年都有很多大学生拿着硕士学位、学士学位到她那里问是否有适合他们的工作。他们竟然不晓得自己能够做些什么，也不知道希望做些什么。所以那些人往往在青年时代野心勃勃，怀着充满玫瑰般的美梦，但到了四十多岁以后，却一事无成，愁苦烦闷，甚至精神崩溃。

事实上，选择适合你的工作，对你的健康十分有益。琼斯霍金斯医院的雷蒙大夫与几家保险公司联合作了一项调查，研究使人长寿的因素，结果“合适的工作”被确定为第一要素。这正好符合了苏格兰哲学家卡莱尔的名言：“祝福那些找到他们心爱工作的人，他们再不用乞求其他的幸福了。”

在过去的 20 年当中，柯哥尼石油公司的人事经理保罗·波恩顿至少接见过六万名求职者，他为此曾出版过一本名为《谋职的六个方法》的书。我问他：“现在的年轻人求职时所犯的最大错误是什么?”

波恩顿先生说:“他们对自己所要从事的工作都非常盲目,这真是叫人万分惊骇。有些人选购一件衣服都比选择一份关系毕生命运的工作所用的心思更多——而他将来的全部幸福和安宁都与将要从事的工作息息相关。”

面对竞争激烈的社会,我们怎样解决这项难题呢?

如果你茫然无措,你可以去找一个叫作“职业指导”的新行业,但这个行业不稳定,它也许可以帮助你,也许将会损害你——全赖你所找的那位辅导员的能力和个性而定。这个新行业还不十分完善,甚至连起步也谈不上,可它的发展潜力非常大。你如何利用这个新机构指导自己进行选择呢?你可以在你住处附近找到这类机构,然后接受职业测验,并接受他们对你的职业辅导。

不过,他们只能根据你提供的情况给你提出建议,最终的选择还需要你自己拿主意。而且,这些辅导员并非绝对可靠。他们之间经常也有相反的意见。他们有时的判断也会令人啼笑皆非。

有一个职业辅导员曾经建议我的一位学生做一名作家,理由仅仅是因为她的词汇很广。多荒谬可笑!写作并不是一件简单的事,好作品是将你的思想和感情传达给你的读者,要达到这个境界,不仅需要丰富的词汇,更需要思想、经验、说服力和热情。那个职业辅导员让这位有丰富词汇的女孩子当作家,实际上是做了一件差强人意之事:他要把一位极佳的速记员改变成一位难以胜任的准作家。

应该告诉你的是,职业指导专家——即使是我和你——也并非绝对可靠。你也许该多找几个辅导员,然后凭普通常识判断他们的意见。

也许我在这里过多地说了一些令人担心的话,但如果你了解了多数人的忧虑、悔恨和沮丧,都是因为不重视工作而引起的,你就不会觉得奇怪了。你的父亲、邻居，或是你的老板，对此类情形可能会有一定的理解。

智慧家约翰·史都家·米勒宣称，工人不能适应工作是“社会最大的损失之一”。是的，世界上最不快乐的就是憎恨他们日常工作的“产业工人”。

你知道在军队中容易“崩溃”的是哪些人吗？他们往往是被分派到错误单位的人！那些人即使在普通任务中也会精神崩溃。

当代最伟大的精神病专家在第二次世界大战期间主持陆军精神病治疗部门，他说：“我们发现在军队中正确挑选人员和安置工作是至关重要的，也就是说要使适当的人去从事一项适当的工作……最重要的是，必须要让一个人了解他的工作的重要程度。当一个人对他所进行的工作不感兴趣时，工作起来就会无精打采，而且还会觉得他不受欣赏和重视，会有一种怀才不遇的感觉。在这种情况下，我们发现，他即使没有患上精神病，也早已埋下了精神病的隐患。”

因为同样的原因，一个人若在工商企业中“精神崩溃”，若他对他的工作和事业没有兴趣，他也同样可以把它弄得一团糟。

我要告诫青年朋友的是，不要因为你的家人希望你做什么，你就勉强自己从事某一行业。不要贸然从事某一行业，除非你真的喜欢。不过，你必须要仔细考虑父母所给你的劝告。他们的年纪可能比你大一倍，他们已获得了那种唯有从众多经验及过去岁月中才能得到的智慧。但是，最后的决定必须由你自己来做，因为将来工作中的快乐和悲哀只有你自己品尝。

综上所述，我有以下建议，也有一些警告，供你在选择工作时参考。

阅读并研究关于选择职业的建议

下面这些建议是由最权威人士提供的，是美国最成功的一位职业指导专家基森教授所拟定的。

如果有人声称有一套神奇的方法可以为你的择业倾向指点迷津，千万不要去找他。这些人包括摸骨家、星相家、“个性分析家”、笔迹分析家，他们的法子均不可靠。

不可轻信那些说只要作一项测试就能告诉你该从事哪种职业的人。这种人根本就已违背了职业辅导员的基本原则。职业辅导员必须综合被辅导人的健康、社会、经济等各种情况提出建议，同时他还应该提供就业机会的详细资料。

应找一位拥有丰富的职业资料藏书的职业辅导员，并积极接受辅导，正确运用职业资料和书籍。

注意：完全的就业辅导服务至少要经过两次以上的面谈。

千万不要接受函授就业辅导。

不要选择那些人满为患的职业

除非你有特殊才能，否则，不要选择那些原已拥挤的职业和事业。在美国，共有两万多种就业方式，这是一个非常可观的数字。然而在一所学校内，有近三分之二的男孩子和五分之四的女孩子选择了 5 种职业——两万多种职业中的 5 种。

如此看来，少数的事业和职业会人满为患，白领阶层之间会产生不安全感、忧虑和“焦急性的精神病”，也就不足为奇了。

请你特别注意，如果你要进入法律、新闻、广播、电影以及“光荣职业”等这些已经过分人满为患的圈子内，你必须要付出惊人的努力。

避免选择那些成功机会只有十分之一的行业

例如，人寿保险推销员。每年有成千上万的人——失业者占大半——事先未打听清楚，就开始贸然推销人寿保险。费城房地产信托大楼的富兰克林·比特格先生对此进行了真实而又恰如其分的描述。

比特格先生在过去 20 年中一直是美国人寿保险推销业的领军人物。他指出，90%第一次推销人寿保险的人会因种种原因劳而无功，结果在一年内纷纷放弃。至于留下来的，10人当中只有1人可以卖出10人销售总数的90%，另外9个人只能卖出10%的保险。换一种说法，如果你推销人寿保险，那你在一年内放弃而退出的概率为90%；留下来的概率只有10%。而且即使经过一年的奋斗你留下来了，而以后你成功的机会也只有1%而已，否则你维持生活都困难。

全面了解自己初步选定的职业

要达到这个目的，首先你可以和那些已在这一行业中有10年、20年或30年的人士面谈。这些会谈将十分有助于你未来的发展前途。

这一点我本人深有体会。我在二十几岁时曾向两位专业人士请教职业上的指导。现在回想起来，可以清楚地发现那两次会谈是我生命中的转折点。坦白地说，如果没有那两次会谈，我实在难以想象我的人生将会是什么样子，是否会成功。

怎样获得这些职业指导会谈呢？为了便于说明，暂时假设你打算做一名建筑师。在下定决心之前，你应该花几个星期的时间去拜访城里或附近的建筑师。你可以从公用电话簿里找出他们的电话号码和住址。然后打电话到他们的办公室。如果你希望面谈，你可以写信给他们定下见面时间。信的内容大致如下：

> 有件事需要你帮助，我今年18岁，我的志向是做一名建筑师，但不知妥当与否，又不知从何开始。极想听到你的教诲，请你指教。
>
> 如果你太忙，不能在办公室接见我，而愿意赐半个小时的时间在你家中接见我，那我将不胜荣幸。
>
> 我想向你请教的问题是：
>
> 如果你的生命再从头开始，你是否还愿意再做一名建筑师？

在你见到我之后，你是否认为我具有成为一名成功建筑师的条件？

建筑师这一行业人员过剩吗？

如果我从此类学校毕业后，要找工作是否困难？我应该首先接受哪一类的工作？

如果我的能力一般，在 5 年之中，我能赚多少钱？

当一名建筑师，有什么好处和坏处？

如果你是我父亲，你愿意鼓励我当一名建筑师吗？

如果你生性腼腆，不善于接触陌生人，我这儿有两项建议，你不妨试试。

第一，找一个和你同龄的小伙子一起去。这样，你们彼此可以增加对方的信心。如果你找不到合适的人，你可以请求父亲或母亲和你一同前往。

第二，你应该明白，你向某人请教，等于是对他的一种信任和认可。对于你的请求，他会有一种被奉承的感觉。其实，成年人一向很喜欢向年轻人提出忠告的。你所求教的建筑师必会乐于接受这次访问。

假若你有足够的勇气，又不愿写信，那么你也可以直接到那人的办公室去，对他说明来意，相信总有收获的。

假设你已经拜访了 5 位建筑师，而他们都太忙了，没有空闲时间接见你（这种情形不多），那么你应再去拜访另外 5 个。他们之中肯定会有人接见你，向你提供宝贵的意见。这些意见也许可以使你避免走很多弯路，使你有更多的时间和机会去创新、攻关。

注意，你是在从事你生命中最重要且影响最深远的两项决定中的一项。因此，在你做出决定之前，多花点时间探求事实真相是很有必要的。如果你不这样做，你可能会抱憾终生。

在会谈后，你可以付给对方一定的报酬，作为他付出的时间和忠告的补偿。

尝试在适合自己的多种行业间进行发展

一个资质正常的人，既有可能在多项职业上失败，也有可能在多项职业上成功，这都是很正常的。拿我来说，如果我自己研习并准备从事下述各项职业，我相信，成功的机会一定很多，而且也一定会非常快乐。这一类的工作包括农艺、果树栽培、科学农业、医药、销售、广告、报纸编辑、教书、林业等。但另外一些比如簿记、会计、工程、经营旅馆和工厂、建筑、机械事物以及其他数百项工作，我则不能胜任，若从事则必败无疑。

我们应该明白，即使我们拥有了整个世界，一天也只能吃三顿饭，睡一张床。而这种享受，一个泥水匠也能轻易获得，很可能他比大富豪吃得更香，睡得更沉。

百分之七十的烦恼

我写的这本书并不能解决所有人的财务烦恼，要是那样的话，我只要坐在白宫替总统出谋划策就行了，而不必劳神费力地坐在这里组织文字。不过，我可以在这里提供一些小贡献，我可以罗列一些各方面专家、权威的看法，并提出一些切实可行的意见，告诉你获得书籍和册子的途径和方法，使你得到一些意外的教益。

根据《妇女家庭月刊》所做的调查表明，我们 70%的烦恼都跟金钱密切相关。民意测验协会主席盖洛普·乔治指出，大多数人都相信，只要他们的收入增加 10%，就不会再有任何财政危机。有很多例子的确是这样的，但也不能一概而论。

我在着手写这本书时，曾请教预算专家爱尔茜·史塔普里顿夫人。她曾担任纽约及全培尔两地的华纳梅克百货公司财政顾问多年。她曾凭借个人经验多次帮助过那些被金钱拖累而烦恼不堪的人。她帮助过各种层次的人，从年薪不足 1000 美元的行李员，至年薪 10 万美元的公司经理。她这样对我说："事实上，多赚一点钱并不能使大多数人消除财政烦恼。"

在现实生活中，我也经常看到，增加一些收入后，并没有得到什么实惠，只是徒然增加一些令人头痛的开支而已。"此时大多数人的烦恼，”史塔普里顿夫人说，“并不在于他们没有足够的钱，而是不知道如何支配手中已有的钱！”

你可能对后面一句话不以为然，不过，在你再度表示不屑之前，请你搞清楚，她并没有说“所有的人”，她说的是“多数人”，而不是针对你而言。她指的是你姊妹和表兄弟，他们是一大批人。

有人可能会说：“我希望作者自己来试试看：拿我的月薪，付我的各项账款，维持我应有的开支。只要他来试一个月，我保证他也会头痛，不再说什么大话。”

这话很对，我也有过经济困难时期：我曾在密苏里州的玉米田和谷仓做过每天10小时的劳力。每天累得头昏眼花，腰酸背痛。我当时所做的那些苦工，工资少得可怜，不是每小时1美元，也不是10美分，而是5美分。

我清楚长年住在一间没有浴室、缺水停电的房子里是什么滋味；我也知道在零下15度的屋子里睡觉是什么滋味；我也有过徒步数里远，为节省10美分，直至鞋底穿洞、裤底打补丁的经历；我也常在餐厅里净点最便宜的菜，裤子脏了也没钱送洗衣店。

虽然如此困难，但在那段日子里，我仍想方设法每月节省下几个铜板，因为如果我不那么做，心中就不踏实。

个人生活其实应该和一些公司一样：花钱应该拟订一个计划，然后根据那项计划来进行支出。可惜，我们大多数人都没有这样做。

我的好朋友黎翁·西蒙金告诉我，他发现人们在花钱时常常会表现得意外盲目。他说，他认识的一位会计师，在公司工作时，对数字精明得很，但等到他处理个人财务时，却从不精打细算，从不考虑房租、电费以及所有各项“杂”费迟早都要由这个薪水袋里抽出来付掉。然而这个人却又非常明白，如果他所服务的那个公司以这种贪图目前享受的方式来经营，那么公司破产是迟早的事。

有件事不知你考虑过没有：当牵涉到你的金钱时，你其实就是在经营自己的事业。而你如何打理你的金钱，实际上也确实是你“自家”的事，别人无权干涉。

但是，如何管理我们的金钱？如何进行预算和计划？现有 11 条规则，供你参考。

把事实记录下来

世界闻名的亚诺·班尼特初到伦敦时很穷，生活压力很大，所以他把每一便士的用途都记录下来。目的并不是想知道他的钱都花在了什么地方，只是想做到心中有数。这个方法很实用，50 年来，亚诺的这一习惯始终没有改变。

石油巨擘约翰·洛克菲勒也有这种习惯，他每天晚上祷告之前，总要把每便士的来龙去脉弄个一清二楚，才能安心入睡。

我们每个人都可以去弄个本子来进行记录，当然也不一定要记一辈子。预算专家建议我们，至少要在第一个月把我们所花的每一分钱作准确的记录，最好能连续作 3 个月的记录。这样，我们就能依据一个准确的记录，知道哪些地方需要花钱，哪些地方需要节省，从而做出自己的预算。

现在你清楚自己的钱究竟花到什么地方了吧，也许 1000 个人当中只能找到一个像你这样的人。史塔普里顿夫人告诉我，通常，当人们花费几小时时间把事实和数字忠实地记录在纸上后，他们会难以置信地大叫：“我的钱竟然是这样花掉的！”你会不会这样呢？可能也会的！

拟出一个真正适合你的预算

史塔普里顿夫人指出：即使是住同样的房子、收入同样多、孩子也同样多的两个家庭，他们的预算需要也是截然不同的。为什么？因为人们的性格是各不相同的。所以，预算必须按照各人的需要拟定。

预算的意义并非是要把花钱的乐趣从生活中通通抹杀掉，它的真正意义在于使人们避免来自物质生活的烦恼和忧虑，从而使精神获得安全感。史塔普里顿夫人说：“依照预算生活的人，比较快乐！”

你应该怎样进行具体措施呢？首先，如前所叙，你必须把所有的开支列出一张清单来，然后要求指导。另外，你还可以致函华盛顿的美国农业部，索取这一类的通俗读物。在一些大城市的主要银行还有专职的专家顾问，他们很乐于帮助你拟定家庭预算并解决急需解决的财务问题。

研究理财预算类的小册子中，我见过的最好的一本名叫《家庭金钱管理》，由“家庭财务公司”发行。另外，这家公司还出版了一整套的此类图书，讨论诸如房租、食物、衣服、健康、家庭装饰和其他各项问题。你可以向该公司索取。我已细看过这些书，非常好。

学习如何巧妙地开支

我想告诉你的是一种使你的金钱达到最高价值的方法。所有大公司都设有专门的采购人员，他们的职责就是设法替公司买到最合理的东西。身为你个人产业的主人，你为什么不这样做呢？

不要因你的收入增加而无所顾忌

史塔普里顿夫人说，她最头痛的就是被请去为年薪 5000 美元的家庭拟定预算。我问她为什么。她说：“年薪 5000 美元，似乎是大多数美国家庭的目标。他们要经过多年的艰苦奋斗才能达到这一标准。而当这一目标一旦实现，他们就认为已经成功，于是就开始疯狂开销，在郊区买栋房子；他们认为和租房子花的钱一样多，再买部车子，买许多新家具以及许多新衣服。等他们意识到什么时，他们已进入赤字阶段了。于是，他们的高收入并没有使他们更快乐，反而使他们更不快乐，因为他们的收入不足以支付疯狂的开销。”

这是很正常的，每个人都有获得更高生活享受的权利。但从长远方面来看，是强迫自己在预算之内生活，还是让债主逼债上门，催账单催得你精神紧张，到底这两种方式哪一种能使人更幸福一点呢？

如果必须借贷，应设法争取银行贷款

如果你觉得借到一笔资金就可以创业，那你就太幼稚了。因为你就算是有了一些资金，也未必会创业成功。据我所知，那些毫无商业经验的青年人靠借来的钱做生意而最后能成功的实属凤毛麟角。

一个青年人，如果没有把握就去创业，没有不遇到经济困难的。但是，假如他确实有相当的能力和充分成功的把握，创业实践就使他在别人面前树立了信用，那么即便他靠借来的本钱创业，依然可以获得别人的信任。

对于有志于创业的人来说，首先，必须掌握所要从事的业务范围的详细情况；其次，还要有挑选录用合格雇员的眼力。假如这两点做不到，你所经营的事业就会大打折扣。挑选员工是一项异常重要的工作，如果员工的素质不高，那么即便你做事很忠诚，待人很诚恳，当你向别人开口借钱以作为你的创业资本时，其他人也会毫不犹豫地一口回绝。

在你创业之初，最好不要心存太大的奢望，开始并不一定非要多大的规模，只要你确实是一个杰出的、能干的人，经过一段时间的筹划经营后，事业自然会发展起来。假如你能做到这一点，即使资本是借来的，也没有多大关系。

比彻在教育他儿子时这样说："你得像逃避恶魔一样避免借债。"青年人要痛下决心，不论你怎样急需金钱，最好不要向别人借债。

富兰克林那"贫穷的查理"里有句话说得好："借钱等于自投苦恼的罗网。"法庭上每天那无数的民事纠纷案都证明这句话的正确性。

当然，什么事都不是绝对的，也有一种例外。当一个人由于意外事件而陷入困境时，当天灾人祸从天而降时，往往任何人都难以靠自己的努力去避免，就是那些如日中天的事业也难免遇到意外的困难和阻力。到了那时，无论你怎么小心谨慎，无论你的决策如何正确，无论你怎样痛恨向人借钱，为了渡过难关，你都必须硬着头皮去向银行贷款。但即使到了那时，也要牢记一条原则："借得慢，还得快。"

这一原则在生意上的放账和借款中同样适用，事实上放账和借款都是不可避免的，但你在这两个方面都必须能够控制自己。

一些年轻人由于粗心大意，经常因为借贷不立契约或不立书面的凭据而发生许多有损名誉的纠纷，使他们的前途受到不利的影响，事业遭受打击，身心也受到极大的摧残。

我曾见到无数本来大有前途的年轻人由于借债而遭到了意外的失败。这些青年刚入社会时，或许还没有染上借债这种恶习。他们原先或许非常看重名誉，也从不喜欢到处去借钱来挥霍，那时他们的前途是非常光明的。但后来由于一点小小的用途，无意中开启了借债的先例，之后，他们便渐渐越陷越深，难以自拔。

有一个惊人的现象：每年死于债务纠纷的人，比因战争而死的人多出数十倍以上。现代的20个天才人物中，居然有7个人因举债而丢掉了性命，其中包括一位小说家、一位学者、两位法学家、两位政界名人和一位演讲天才。

一贯为人敬仰的美国名人史蒂芬逊，做人特别小心谨慎，可是他在描述自己理想中的生活时，还战战兢兢地希望自己不要陷入借债的旋涡中去。

史蒂芬逊说："我们对他人应该热爱和忠诚，平时应当量入为出。对于自己的家庭，应当保持快乐的气氛。对朋友，必须竭力避免仇恨，当然也决不可忍受丧失自尊的屈辱。假如遇到蛮不讲理的人，最好的办法是避开他们——这是通向理想生活的捷径。”

纽维尔·希里斯博士也说：“你要使自己过上一种安稳的生活，要保持自己的人格和名誉，必须要遵守一条规律：那就是赚得多花得少。”在这个危机四伏、处处荆棘的现代社会，好像没有什么比这件事更令人应该慎重对待了。

那些喜欢向别人借债的年轻人的悲剧在于他们看不到借债背后所隐藏的危险。假如他们明白万一不能还清债务的严重后果：包括丧失人格、迫不得已的撒谎、可能的营私舞弊、为逃避债务而东躲西藏等窘况，他们一定会后悔莫及，寝食难安。而当他们一旦弄清戴上了债务的手铐无法挣扎的情形，他们一定会喊起来：“宁可饿死也不做债务的奴隶。”

欠债是最令人难堪的事情。只有那些因债务缠身、时刻受着债主的追逼与压迫、因债务而吃尽苦头的人，才能了解负债者的苦恼。债务会把一个人的体力、气魄、人格、精神、志趣、雄姿消磨得一干二净；同时，债务对人精神的压力，能毁灭一个人一生的希望。

办理医药、火灾以及紧急开销的保险

生活中常常会有各种意外、不幸以及一些不可意料的紧急事件发生，而这些意外都有小额的保险可供投保。我当然不是要你样样都投保，但我郑重建议，你不妨为自己投一些主要的意外险，否则，万一有了麻烦，花钱事小，还会给你带来不必要的烦恼。其实这些保险的费用都不算高。

比如说，有位妇人因为办了医药保险，去年她因病住了10天院，出院后，仅仅收到了8美元的账单。

不要让保险公司将你的人寿保险一次性付现金给你

假若你投保人寿是为了让人受益，那么我奉劝你，不要让保险公司一次性付现金给你的受益人。

手握许多现钞的新寡妇会怎么样呢？纽约市人寿保险研究所妇女组主任马利翁·艾伯利告诉我，她在全美国各地的妇女俱乐部演讲，指出不让寡妇一次性领取人寿保险金，而改为领取终生收入的好处。她举例说，一位收到2000美元人寿保险金的寡妇，把钱取出来给儿子开创汽车零件事业。结果事业失败了，保险金荡然无存，她自己穷困潦倒。她还提到另外一位寡妇，听信了一位房地产经纪人的美丽谎言，把她的大部分人寿保险金拿来购买一些“保证在一年之内增值一倍”的空地。可几年之后，她却只拿回最初投资的十分之一。像这样的悲剧遍地都是。

《纽约时报》经济编辑施维业·波特在《妇女家庭月刊》上所发表的文章中指出：“2.5万美元在妇女手中，平均不到7年就会全部花光。”

《星期六晚邮》在其多年前的一篇社论中也说：“众所周知，由于多数妇女都没有受过商业培训，也没有银行给她提供可行性建议，所以她很可能在一些谋利的掮客向她进行游说之后，就贸然把她丈夫的人寿保险金拿去购买不稳定的股票。很多律师和银行家都能举出类似的例子：节俭的丈夫多年省吃俭用存的积蓄，只因为他的遗孀或孤儿相信花言巧语的骗子的话，顷刻之间就不名一文了。”

假若你想使你的妻子儿女在你死后过上好日子，你可以向伟大的金融专家J. P. 摩根学习。他把遗产分赠给16位受益人，其中有12位妇人，他留给她们的全是有价证券，使她们每月都有固定收入。

如果要买保险，推荐你读两本非常有益的小册子——《如何买保险》和《买自己的保险》。这两本书在市场上已是很难买到，但可以在公立图书馆借到。

培养子女对金钱的责任感

《你的生活》杂志上曾刊载过一篇文章，使我终生难忘。作者史蒂拉·威斯顿·吐特从银行里取得一本特别储金簿，交给她9 岁大的女儿。每当小女儿得到零用钱时，就将零用钱“存进”那本储金簿中，母亲则自任银行。然后，每当她须使用 10 美分或 1 美分时，就从账簿中“提出”，再把余款结存详细记录下来。通过储金簿，小女孩不仅养成了对金钱的责任感，还获得了记账的知识和乐趣。

这个办法真不错。假若你的儿子或女儿正在读中学，而你也希望他们正确地处理金钱，我向你郑重推荐一本值得一读的好书。这本书叫《处理你的金钱》，对十几岁学生如何用钱，有很精辟实际的见解，而且从理论到实践无所不包。同时该书也提及如何准备预算，帮助他们念完大学。如果我有一位读中学的儿子，我会让他认真阅读此书，然后再让他帮我拟定一份如何节省开支的家庭预算。

如果你是家庭主妇，也许可以在家中赚一点外快

有时会发生这种情况：你已经拟好并执行了你的预算，却仍然无法弥补开支。那么你可以选择下述两种方法中的一种：或者咒骂、发愁、担心、抱怨，或者你想办法赚一点额外的钱。怎么做呢？赚钱当然要找人们最需要而目前市场又没有的东西。家住纽约杰克森山庄的娜莉·史皮尔夫人，就是这么做的。在 1932 年，她的丈夫已去世，两个儿子都已结婚。有一天，她到一家餐馆的苏打水柜台买冰激凌，发现柜台也兼卖水果饼，可那水果饼做得非常差劲。她问掌柜的是否愿意代卖她提供的真正的家制水果饼。于是，掌柜的向她订了两块水果饼。

史皮尔夫人对我讲述她的故事时说：“我的手艺也不错，但我家在佐治亚州时一直请有女佣，我亲手烘制饼干的次数很少。在那位掌柜向我预订两个水果饼之后，我向一位邻居请教了制苹果饼的方法。结果，那家餐厅的顾客十分赞赏我初次做的那两块水果饼——一块苹果饼，一块柠檬饼。餐厅第二天预订了 5 块；

后来，数量逐渐增大，而且其他餐馆也陆续来向我订货。结果在短短的两年之内，我的订单已增加至每年5000块。我是单独一人在我自己的小厨房内完成全部工作的，我一年的收入已高达1万美元，这其中除了材料费外，没有任何额外费用。”

史皮尔夫人的订单越来越多，后来她不得不租下一间店铺，雇了两个女孩帮忙。在世界大战期间，人们排长队等着购买她的水果饼、蛋饼、卷饼……

“这是我一生中最快乐的时光。”史皮尔夫人说，“我每天都要工作12到14个小时，但我乐此不疲。因为对我来说，那根本不算是工作，而是生活中一种奇异的享受。我只是尽我的能力来使人们更加快乐。我太过忙碌，无暇忧愁或寂寞。这份工作弥补了我母亲及我丈夫去世留给我的悲伤，使我生活得无比充实和愉悦。”

娥拉·史令达夫人的经历与史皮尔夫人相似。她住在一个有3万人口的伊利诺伊州梅梧市。她的事业是以10美分的原料开始的。当时，她的丈夫生病了，她必须赚点钱补贴家用。可是，她只不过是一名没有经验、没有技术、没有资金的家庭主妇。怎么办呢？她从一枚蛋中取出蛋清加上一些糖，在厨房里做了一些饼干，然后她带着自己的劳动成果站在学校附近，将饼干卖给正放学回家的学童，第一周她就赚了4.15美元。她从工作中找到了生活情趣，同时也给孩子们带来了快乐。她开始忘记忧愁，快乐起来。

娥拉·史令达夫人从伊利诺伊州梅梧市的小试身手中，尝得了甜头，她决定向外扩展——找个代理人在繁华的芝加哥出售她的家制饼干。她的第一个合作伙伴是一位在街头卖花生的意大利人。起初他并不肯合作，但当他尝了一块饼干样品后，觉得味道非常香美，于是开始出售她的饼干。4年后，史令达夫人在芝加哥开了第一家商店，店面有8英尺宽。她晚上做饼干，白天出售。

这位以前相当胆小的家庭主妇，从她厨房的炉子上开始创业，现在已拥有 19 家店铺，而且 18 家都设在芝加哥最热闹的鲁普区。

我想告诉你的是，娜莉·史皮尔夫人和娥拉·史令达夫人对金钱采取的积极做法很值得借鉴。她们以最简陋的方式，从厨房出发——没有租金，没有广告费，没有薪水。在这种几乎没有任何费用的情况下，她们成功地摆脱了财务烦恼，开创了自己的事业。

观察你的四周，你将会发现许多行业尚有空席。例如，如果你自己是一名高级厨师，你可以在你的厨房内简单地开一个烹饪培训班，培养一些年轻厨师。这也是赚钱之道，说不定上门求教的学生还会络绎不绝呢。

教给你利用业余时间赚钱的书籍很多，你可到公立图书馆借阅。不管男女，工作机会都是很多的。但我必须给你一个忠告：除非你天生有推销的才能，否则不要尝试去挨家挨户推销。能够在这一行中成功的人极少。

永远不要赌博

对于那些想从赌马或玩吃角子的机器上赢钱的人，我总是觉得既可恨又可悲。因为我认识一个靠这种“单手土匪”机器赚钱谋生的人，他给予那些企图打败他早已设计好用来骗他们钱的机器的人，更多的是轻视，却没有丝毫同情。

在我开办的成人教育班上有一名学生，是美国一名最佳的赌马老手。他告诉我，根据他对赛马的了解和认识，没有人能从赌赛马中赚到钱。然而，每年却有无数的傻子在赛马中赌下 60 亿美元，这笔钱是美国在 1910 年全国总债务的 6 倍。

他还说如果他想报仇，再也没有比说服那位仇人去赌赛马更好的方法了。我问他，若根据赛马的内幕情报去下注，情况会不会好些。他回答说：“情况不仅不会好，反而要输掉整个美国的造币厂。”

当然，如果有些人天生就有这种爱好。你不妨学聪明一点，先算一算你胜算的概率到底有多少。怎样计算呢？有一本叫《如何计出胜算》的书，作者为奥斯华·贾柯比——桥牌及扑克的权威、最高级的统计专家，也是保险公司的统计顾问。该书共250页，它可以告诉你在赌赛马、轮盘、骰子、吃角子老虎机、扑克、桥牌、梭哈以及股票市场时，胜算有多少。

除此之外，这本书还告诉你，在其他各种活动中你得胜的机会有多少。此书的本意并非要教你如何赌博。作者只是想把在普通方式的赌博中你失败的比例坦白地告诉你；当你获知这些失败的比例之后，你将会同情那些易于受骗的人，他们把辛苦赚来的钱丢在了画饼充饥的赌博上。

学会宽恕自己

假若我们竭尽全力也无法改变我们的经济状况，那么，我们可以改变心理态度。其实，每个人都有他自己的财务烦恼。我们可能因为经济情况比玛莉家差而烦恼；但玛莉家可能因为比不上麦端家而烦恼；而麦端家又因为跟不上米琪家而生闷气。

就是美国历史上最著名的人物也有经济窘迫的时候。林肯和华盛顿就任总统时因无钱上路，只好向别人借贷。

如果我们达不到我们想要的目标，最好不要让忧虑和悔恨来苦恼我们的生活。我们要学会原谅自己，要放豁达一点。

古希腊哲学家艾皮科蒂塔认为，哲学的精华就是：“一个人生活上的快乐，应该来自尽可能减少对外来事物的依赖。”

罗马政治家及哲学家塞尼加也说：“如果你一直觉得不满，那么即使你拥有了整个世界，也会觉得伤心。”

我们应该明白，即使我们拥有了整个世界，一天也只能吃三顿饭，睡一张床。而这种享受，一个泥水匠也能轻易获得，很可能他比大富豪吃得更香，睡得更沉。

上帝只偏爱勇敢和坚强的心灵。如果我们希望我们的丈夫在他们觉得最有成就的工作之中成功，我们就该鼓励他们去大胆尝试每一个机会，拿出足够的勇气和信心来与他们患难与共，永不言悔。

夫妻间的职业矛盾

19 世纪 80 年代，我的祖父查理士·劳勃特森决定带着我的祖母哈丽特以及他们的孩子，从堪萨斯州的农庄迁居至印第安·奈里特利去，想在那个边界殖民区闯出一片属于自己的天地。他们来到锡马龙的河岸，就是现在的俄克拉荷马州东北部，我的祖父建造了一座木屋，用篱笆围起一片自己的土地。他又借了一些钱在这个小乡村开了一家小店。后来那个小乡村蓬蓬勃勃发展成为现在俄克拉荷马州的杜尔沙市。

当时那里的生活环境很差，我祖母体弱多病，还要照顾 9 个孩子，日子过得很艰难。那里没有医生，只有一家一间教室的教会学校供小孩子念书。艰苦的生活、债务、寒冷的冬天和炎热的夏天，这就是他们当时生活的全部写照。但是以边疆的生活标准来说，查理士·劳勃特森成功了。哈丽特亲眼看见了她丈夫成功的全过程，看到她的儿女们都幸福地结了婚。而印第安·奈里特利由于其经济的迅速崛起，竟被联邦政府纳为州制管理。

联邦政府版图的延伸，不仅凭借了像查理士·劳勃特森这种男人独特的眼光——他们开拓了新的天地并且扩展疆界——而且也因为他们背后有勇敢的妻子，就像哈丽特，她们勇敢地去接受新生活的挑战。这些女人信仰上帝、她们的丈夫，同时也信仰她们自己。她们勇敢地面对着危险、困苦、疾病和死亡。尽管她们离开富裕的家园向贫瘠的西部迁徙时，也沮丧过，反悔过，但她们都以顽强的毅力、不屈的意志挺了过来。

就是这样，拓荒的女人们跟随着自己的丈夫来到这些荒凉地区，写下了美国历史上光辉的一页。他们留给自己后代的是一笔巨大的遗产，这些遗产包括土地、城市这样的物质遗产，还包括那种不屈不挠的勇气、无法动摇的信心等精神遗产。

希望丈夫能够开创一番的妻子，必须具有拓荒前辈的刻苦精神，心甘情愿地让自己的丈夫去做他最喜爱的任何事情。就算他的做法是很冒险的，我们也应该义不容辞地支持他们。不管遇到任何挫折，都要不改初衷，勇往直前。能够不顾一切地努力实现进取心和创造心的人，才会赢得事业的巨大成功。

我认识一个男人，他之所以一辈子都在从事一项自己不喜欢的工作，只因为他的太太宁愿付出任何代价来保住安定的生活。

这个男人起初做的是记账员，后来他赚够了钱，可以开自己的汽车修理厂的时候，他结婚了。而他的太太想买一幢房子，把家安下来，因此要他暂时不要辞去工作。后来他们买了房子，妻子又快临产。有了孩子后，他妻子只想平安地把孩子养大，不想让他破坏这份平静，于是日子就这样过去了。

再后来，他挣的薪水已经能够维持家庭开销，还有保险金可以供应孩子的教育费用。这回可以开创自己的事业了吧？可他妻子的顾虑更重了：创业，辛苦劳累不说，万一失败了怎么办？他可能会失去在公司里的年资、退休金、疾病津贴以及一份中等而固定的薪水。在这位妻子的多次阻挠下，这位男士失去了宝贵的创业机会。

到中年以后，这个男人成了对生活感到厌倦的、庸庸碌碌的人，只有在修补自己的汽车时，他才会得到些许的宽慰。他有张失意的脸孔，他患上了胃溃疡，此外再也没有什么东西可回想了。生命就这样过去了。他生命的绝大部分时间都用来压抑他对于工作的不满，他对自己的工作提不起丝毫兴趣，没有热心，没有扩展野心。这一切都是他那贪图安逸的妻子造成的。

有时也会发生这种情况：一个人放弃了不喜欢的工作，尝试去做自己选择的工作却失败了。可那又能怎样？男人遭受失败并不可怕，至少他会从自己曾经向往如今已经尝试过了的工作中得到满足。况且，如果他尝够了失败的滋味，他离成功也就不会太远了。

令人欣慰的是，这种类型的妻子只是少数。在雪佛酿酒公司最近的一项调查里，有 6000 名各种年龄的家庭主妇接受了访问。其中有一个问题是，她们会不会支持自己的丈夫从一个他不太喜欢的安定工作，转到另外一个较不安定而且薪水较低，但能够使他感到高兴的工作去？接受访问的太太中只有 25% 持否定态度。

我曾经在俄克拉荷马州杜尔沙市一家大石油公司工作，当时的财务经理叫查尔斯·雷诺兹。他是个活泼、能干又讨人喜欢的年轻人。他有太太、孩子以及光辉的前途。

查尔斯·雷诺兹喜爱绘画，空闲的时候，他就摊纸泼墨，尽情挥洒。他的许多风景油画都悬挂在公司办公室的墙上。有时候他也把画卖给公司外面的人。

虽然雷诺兹先生很喜欢当前的工作，但他更喜欢绘画。他一直向往新墨西哥州的陶欧斯城，因为那儿是艺术家的乐园。他想放弃自己的工作，定居到那里。

当他把自己的想法告诉太太露丝时，他太太鼓励他说："好啊，去开一家绘画用品专卖店，我照顾店面，你就可以画画了。我相信我们一定可以快乐、幸福的。"

太太的支持使查尔斯·雷诺兹下定决心辞掉工作，举家移居陶欧斯城，开始了新的生活。他们全家人都有了开创新事业的精神，年轻的小查尔斯放学以后也常到店里帮忙。查尔斯画得非常好，终于成为西南部最成功的画家之一。他的作品曾经在美国巡回做过展览，他也不止一次在许多画廊举办过个人画展。现在，他不仅是陶欧斯城画家协会的会长，还在新墨西哥州陶欧斯城闻名的济特·卡森街上建造了自己的画廊和画室。这一切都是他太太鼓励的结果。

对这种冒险取得的成功并不值得大惊小怪，因为有目的的冒险，胜算可能性是很高的。如同范狄格·里夫特将军经常在战前对他的军队所说的："上帝只愿降福于那些勇敢和坚强的人。"

适合你的工作，或能够使你感到快乐的工作，并不一定会立即使你成为富翁。然而，除非一个人的工作能够带给他内心的满足，否则就不能算真正的成功。当妻子的必须要有充分的精神准备，才能够促使自己的丈夫自由自在地做他所喜爱的工作，下决心放弃他所不喜欢的、薪水较好的职位。

许多卓越成就的获得，都是因为有那些大公无私的妻子舍弃自己的利益，放弃物质享受，鼓励她们的丈夫从事适合于他们个性的工作而得来的。

伟大救世军创始者威廉·布斯的丰碑上也有他最具爱心的妻子凯瑟琳·布斯的功绩，因为她曾奉献那么多的精力来推广、维护这项运动。

威廉·布斯把道义传播于社会各个阶层，他在伦敦的贫民窟里向那些穷人、残疾人和流浪汉讲道。他、他的妻子和孩子们都忍受着寒冷、饥饿和嘲笑而努力地帮助穷人，甚至自己的健康每况愈下。

他的妻子凯瑟琳·布斯从小就患有脊柱弯曲症，必须使用脊柱支柱。此外，她受着肺痨的折磨，晚年又受到了癌症的折磨。她在临死前说："我一生都在痛苦中挣扎着。"然而，就是这位体弱多病瘦小的妇人，不仅要照顾 8 个孩子，同时还要无私献出爱心给那些境况更差的穷人们。她也传教讲道。每天晚上，在经受了一天的劳累之后，她还要到贫民窟去帮助那些饥饿、生病或是遭遇困难的人。她为那些未婚先孕的姑娘准备饭菜、安排住所。她有时也去和那些小偷、流浪汉与妓女促膝谈心。

这样艰苦的环境，这样悲惨的地方，如果有机会谁不想离开呢？凯瑟琳·布斯不想离开。在牧师会议上，面对一份在富裕地区为她保留的舒服的讲道工作，她毅然站起来叫道：“不要！不要！”

正是有了她不怕艰难困苦的精神和坚定不移的信心，现在才有救世军在各地努力工作。我真希望凯瑟琳能够活得更久一些，亲眼看到她为丈夫所作的贡献而得到结果。我真希望她的在天之灵能够知道她丈夫的葬礼是多么盛大隆重：有六七千人涌上伦敦大街，向他表示敬意。其中伦敦市长也在送葬的行列中默默垂泪。欧洲的宫廷和美国总统都送来了悼念的花圈。在他的灵柩后面，有 5000 名年轻的救世军跟随着，他们一边走一边唱着赞美诗，歌颂他们伟大的领袖。我宁愿相信凯瑟琳已经知道这一切——这位瘦弱的女人理应为她丈夫伟大的事业而骄傲。

其实，能够全身心地投入到自己所喜爱的工作中去，且不顾自身安危与幸福，这才是成功的全部意义。有时候只有这样做，才是获得我们真正想要的东西的唯一方法。“上帝啊，请赐给我一个年轻人，他必须有足够的胆识去做别人心目中的傻事。”罗勃特·路易斯·史蒂文森这样祈求道。

莎士比亚教导我们说：“疑虑是我们心中的叛逆者，由于害怕去追求，将会使我们失去我们原本可以赢得的东西。”

上帝只偏爱勇敢和坚强的心灵。如果希望我们的丈夫在他们觉得最有成就的工作之中成功，我们就该鼓励他们去大胆尝试每一个机会，拿出足够的勇气和信心来与他们患难与共，永不言悔。

金钱不是万能的，这句话有一定的道理。但是，如果我们知道如何合理地处理它，就可以使我们的生活更安宁、更幸福、更富裕。

不要入不敷出

有一些挣钱容易花钱也爽快的乐天派作家，利用金钱这个话题曾经在书本上和戏院里给我们制造了许多有趣的笑料。如《你无法把钱带在身边》里的那位老绅士，他决不相信什么所得税，而且拒绝缴付。当大卫·柯博菲尔德要教他的年轻新娘朵拉按照收入预计开销的时候，朵拉就噘起嘴撒娇。她也是个惹人怜爱的角色。《与父亲一起生活》里描述的母亲节，也给了我们无穷的回味，因为，在母亲每个月把家庭预算弄得一塌糊涂的状况下，父亲在母亲节那天都表现了最好的风度。还有狄更斯笔下浪费成性的麦考柏先生，也是深受读者喜爱的角色之一。

我们在文学作品里发现，一个吸引人的角色身上往往兼具迷人和不负责任两大特点。但是，在现实生活里，最令人伤心和讨厌的却是花钱方面的失误。不付出永远无法逗人发笑。脑筋糊涂、奢侈浪费的妻子，更不会讨人喜欢——她只能是丈夫生活道路上的一个累赘。

如今，我们的钱所能买到的东西跟几年前相比已经是愈来愈少了。女士们面对着一个不成比例的挑战，因此，对钱必须精打细算。价格膨胀了，生活水准提高了，我们的孩子所需要的教育费用都比前些年昂贵得多。

不少人都有一种糊涂认识，觉得只要我们的收入增多一些，我们所有的忧虑就都可以解决了。这个想法是十分错误的。问题远没有这样简单。艾尔西·史泰普莱顿曾经担任华纳莫克和吉姆贝尔以及吉姆贝尔百货公司职员和顾客的财务顾问。他的看法是，增加收入，只不过增加了大部分人的各种消费，潜在的财务问题并没有解决。

加拿大的蒙特利尔银行敬告顾主：在有了大笔收入的时候，要学会精明地花费这些资金。

我写这本书时，偶然得到了一本有关家庭关系的、不寻常的好书。其作者是个全国知名的心理学家。可是，他却有个致命的缺陷：他好像对家庭预算异常陌生。他在书中写道："对于家庭财政开支根本无须费时费力，有则多花没则少花，就这么简单。"

按照他的理论确实省心易行，但这种做法无疑把计划、预算抛诸脑后。他的意思就是说让每个人——包括肉贩、面包商和烛台制造商——都来分享你的收入，除了你本身以外的每个人。

对收入做个计划预算，是保证你和你的家人能够公平地分享你收入的根本。

预算和我们平时的花费并不矛盾，也并不是要毫无意义地去记录所花掉的每一分钱。预算是一张蓝图、一个经过计划的方法，用以帮助你用自己有限的收入办最多的事，购最理想的物。正确的预算将会告诉你如何达成目标——有关孩子的教育资金、自己的养老金以及享受生活时的一切。

预算还有一个好处，就是可以帮你权衡轻重，删减一些小项目，去填补你想要做的大花费。

要想使自己成为家庭财务的专家，据我所知，你家附近的银行可能有一种预算或咨询服务，他们将会告诉你如何做好预算计划、如何理财、如何管理自己的收入。

对于家庭的经济知识，《妇女时代》杂志可以给你提供大量的帮助。它将会告诉你如何缝补旧衣服，如何烹调既营养又经济的餐点，甚至还告诉你如何制造物美价廉的简易家具。

预算计划表应该根据家庭实际情况自己控制，不要依赖你无意中发现的任何一种已经印好的预算计划表。因为你的家庭状况就如同你的脸孔和身材那样，是完全不同的，是独具特色的。

为了帮助你完成自己的家庭预算计划，请注意如下事项。

记录每一项开销，对支出情形做到心中有数

长时间按部就班的生活，杂乱的花费，往往使我们无法改进任何状况。如果我们不知道在何处删减、为什么要删减以及删减什么，节约就会显得毫无目的。因此，我们应该养成记录下所有的家庭开销的习惯，就是先记录3个月也行。

虽然我常用支票形式与他人进行结算，但我仍会把我每月的花费分类记录下来，形成一张清单。到年终，我再把每月的花费加起来。这样做的好处是，不论何时我都能够很精确地告诉你，某年某月某日我们在食物方面花了多少钱，或燃料费、水电费、娱乐费，等等。我还可以使用这些记录查出我家生活费增加的出处，如我怀疑我花太多的钱买化妆品了，我只要看看我的记录就全明白了。只要坚持一段时间，一旦你知道你的钱花到哪里去以后，就不必再做这种记录了。

有一对夫妻，在他们开始记录家庭财务开支以后，他们很惊讶地发现，他们每个月竟然有高达70美元的酒费！然而，他们俩都不爱喝酒，他们只不过是一对好客的夫妇，很欢迎自己的朋友在兴致好的时候就“到家里来喝一杯”。于是，他们做了一个明智的决定，认为他们不能再开免费酒吧了。就这样，他们通过记账，堵塞了不必要的开支，而把节约下来的资金用于有用的地方。

根据自己家庭的特点设计预算

在每年的年初，你应该把你这一年里必需的开销列出来，房租、食物耗量、利息、水电费、保险金等；然后再把预计的开支列出来，如衣服、医药费、教育费、交通费、交际费等。

这样做肯定有一定的难度，而且拟订计划需要决心、家人的支持，有时候还需要坚定的自制力。我们不可能买下市场上的每样东西，但是我们可以决定哪些是我们需要的、应该买的，哪些又是不需用的、应该舍弃的。你愿意把买昂贵漂亮衣服的钱用来布置一个更温馨的家吗？或者，你愿意自己做衣服，将节省下来的钱买一台烤箱吗？显然，这些决定必须由你和你的家人自己来做。所以，提前印制好的预算计划表对其他人是没有用的，这种表格必须自己设计。

把收入的 10%储蓄起来

我们应该力求让自己的家庭维持在一个固定的开销上，然后至少要把 10%的收入储蓄起来或拿去投资。这样你就可以建立一笔额外资金，拿来做特殊用途，买房子或汽车等。

据财务专家介绍，如果你能节省你丈夫收入的 10%，纵然物价高昂，你仍可以在短短几年内改善生活条件和经济状况。

我认识一位太太，她的丈夫是倔强保守的新英格兰人。他宁愿当众出丑，也不愿放弃节省十分之一薪水的计划。这位太太告诉我，在经济不景气的那几年，他们可真吃足了苦头。她先生的薪水大幅度下降，她买生活必需品的时候必须想尽办法节省每一分钱。而她丈夫每天要步行 20 多条街，以省下公共汽车费。但是，节省十分之一薪水的老习惯，他们却坚持下来了。

这位女士后来说："当时我经常埋怨我的丈夫，尤其是急等着用钱的时候。但是，我现在很高兴我们维持了储蓄计划。因为我们人到中年终于可以过上比较舒服的生活，而且不必担忧后半生的生活了。"

存下 1～3 个月的收入以应付突发事件

预算专家劝告每一个年轻家庭，一定要存下 1～3 个月的收入，以应付突发事件。

这些专家告诫人们，想要存太多钱的人，会发觉很难办到，结果根本就存不下钱。最好的办法是，不要企图一次性就存很多钱，而应该定期每周少存一点，但不能间断，这样的效果会好一些。

经常召开家庭预算讨论会

预算专家坦言，预算计划必须得到全家人的合作才能得以顺利施行。为此，经常召开家庭预算的讨论会，往往可以减轻家庭成员的抵触情绪。因为我们大家对于金钱的态度，往往与自己的经验、教育程度的高低有关。

要考虑人寿保险的问题

美国人寿保险协会妇女部主任玛莉昂·史蒂芬斯·艾巴利是人寿保险方面的专家，她说的话具有独特的权威性。她在接受我访问的时候，建议每一位做妻子的都自问以下这些问题：

人寿保险可以给你的家庭带来什么基本保障？

一次付款和分期付款的利弊？

有几种付款方式？

现代人寿保险有哪两种目的？如果一个男人过早去世了，人寿保险就可以保护这个人的家庭；如果他活着要享受余年，人寿保险就可供给他生活的基金。

上述问题以及其他许多相似的问题，对于你的家庭都相当重要。你应该同你的丈夫一样清楚明白这些问题的答案。有一天也许你会变成寡妇，但如果你掌握了有关人寿保险方面的知识，就可以解除你的后顾之忧，保障你后半生的生活衣食丰裕。

贾得生和玛丽·南狄斯合写的《建立成功的婚姻》一书中告诉我们，婚姻生活的幸福与否对家庭收入的花费起着重要调节作用，你必须要适应它。

金钱不是万能的，这句话有一定的道理。但是，如果我们知道如何合理地处理它，就可以使我们的生活更安宁、更幸福、更富裕。

所以，我们不能天天盼望着并不优秀的丈夫突然间会带回来一大袋薪水，这只会浪费我们的时间，损毁我们的青春。我们应该做的事情就是尽快使自己变成财务能手，好好处置丈夫赚回来的每一分钱。

第3章　怎样使你变成熟

对于那些不成熟的人来说，他们总是能找到一些理由，用来解释他们自己的某些缺点或失误。但对于那些迈向成熟的人来说，他们从不推诿责任，逃避责任，而是勇于承担自己行为的后果。

想想你自己，你是否经常喜欢责怪父母、师长、丈夫、妻子或儿女？我们甚至还喜欢责怪先祖、政府以及整个社会，最无志气的是责怪自己不应该来到人世。

把自己与众不同的地方看成是缺陷和障碍的人，是一种心理不成熟的表现，他总是期望自己能受到特别的待遇。成熟的人则不然，他会先认清自己的不同之处，然后心平气和地承认它，并以此为动力，创造自己的辉煌。

每个人都具有一定的作用，都可以在生活中表现出来。这种作用必须按照自己的个性表现出来，而不是模仿他人。强调自己的优势，培养优点，克服弱点，如此才能不断进步并自我实践。

敢于承担责任应该成为我们走向成熟的一个标志。一个人生活在世上，就应面对生命中的许多责任，而不可在受难或跌倒的时候，像孩子一样去踢椅子出气。

不要总是踢椅子

一次，我女儿达娜搬了一张小椅子去取放在冰箱里的东西，她脚步还没走熟练，这样做是很危险的。我急忙冲了过去，但还是没能来得及防止女儿从椅子上摔下来。当我扶起她，看她摔伤没有时，达娜却朝那张椅子狠狠踢了一脚，并且气鼓鼓地骂道："都是你不老实，害我跌了一跤，踢死你！"

像这样把责任推给他人或他物的事，生活中屡见不鲜。对孩子们来说，他们的这种行为是极其自然的。他们喜欢责怪那些没有生命的东西，或是毫不相干的人物，似乎这样就可以减轻自己跌倒的痛苦。

这种事发生在孩子身上是可以理解的，但是，如果将这种反应行为模式和习惯一直持续到成人期，那可就有问题了。自古以来，人们就普遍存在着一种诿过于人的不良倾向。偷吃了禁果的亚当，最后就把过错全推在了夏娃身上："就是那妇人引诱我，我才吃了。"

敢于承担责任应该成为我们走向成熟的一个标志。一个人生活在世上，就应面对生命中的许多责任，而不可在受难或跌倒的时候，像孩子一样去踢椅子出气。

我们应该深思一下喜欢诿过于人为什么会成为我们的一种习

惯或倾向，其实，原因很简单，因为责怪别人比自己担负起责任心要轻松得多。想想你自己，你是否经常喜欢责怪父母、师长、丈夫、妻子或儿女，我们甚至还喜欢责怪先祖、政府以及整个社会，最无志气的是责怪自己不应该来到人世。

在心理发育有问题的人看来，这种事情理所应当——当然是外部环境的理由——以解脱他们自身的某些缺点或不幸。比如，他们的童年极为穷困、父母过于贫苦或过于富有、教导方式过于严格或过于松懈、没有受过教育或健康状况恶劣等。

此外，有些人还把责任直接推给自己的丈夫或妻子，甚或说自己命运不好。我们有时不禁要感到奇怪：为什么这个世界要一致起来欺负这些人呢？你仔细想一下就会明白：对于这些人来说，他们从没想到要去克服困难，他们想的是先去找一只替罪羔羊。

我至今都记得发生在我学生身上的一件事，它对我的触动非常大。它是这样的：我们的课程是训练学员记忆别人的姓名。我记得那位学员向我这样说道："我希望你不要指望我能记住别人的姓名，这正好是我的弱点。我的记忆有问题。"

"真的是这样吗？"我问道。

"是的。"她回答道，"我家族的记忆力一向都不好，所以，我对在这方面有什么改善不抱有什么信心……"

"小姐，"我诚恳地说道，"人的问题不在遗传，而是一种惰性。因为你认为责怪家族的遗传要比努力提高自己的记忆力要容易得多。请你坐下，我来证明给你看。"

我用心教给她一些不算复杂的记忆训练，她也用心地去学，去领会，结果效果是出人意料得好。当然，要她改变原有的观念需要一些时间，由于她愿意接受我的建议，终于克服了困难，记忆力也有了突飞猛进的提高。

如今的为人父母者，除了记忆力衰退之外，还有各种大小事情会遭受儿女的抱怨，范围从掉头发到日常生活的许多挫折等。

有一名年轻女子抱怨父母给她的一生带来了恶劣影响。原来这个女孩子还很小的时候，父亲因病去世，守寡的母亲只得外出工作，以维持生活并教育年幼的女儿。由于这位母亲能干又肯努力，因此后来成为极有成就的女实业家。她细心呵护女儿，让女儿受最好的教育，但她的女儿却把母亲的成功视为自己人生的最大障碍。

这个年轻女子把自己童年的诸多不快乐归罪于母亲，她说是母亲使她在不知不觉中卷入“随时与母亲竞争”的旋涡里。她的母亲迷惑不解地说道：“我实在不了解这孩子。这么多年来，我一直努力工作，为的就是想给她创造一个比我更好的条件，使她健康地成长。但不知为什么，我只是给她增添了一种压力。”

这位母亲的想法并非有错，但是无数的成功人物并非都有舒适的生活。像乔治·华盛顿，他虽没有高贵出身或功绩显赫的父母，但他一样能推动历史进展，成为举世闻名的人物。再如亚伯拉罕·林肯，他幼年的物质条件极为匮乏，一切都要靠自己的辛勤劳动，这也没有对他产生什么不良影响，而且林肯也从没有想要去责怪他人。他曾在 1864 年做过这样的陈述：“我对美国人民、基督教世界、历史，还有上帝最后的审判，均负有责任。”

这些铮铮宣言可谓是人世间最豪迈最勇敢的宣言。如果我们不能在其他人面前以同样的勇气承担下自己的责任，那我们就还不算成熟。

如果你选择了逃避责任，我告诉你一个简单的方法：去找一位心理医生，然后躺到他的诊疗椅上，花一整天时间谈论我们的种种问题，以及为什么我们会变成目前这个模样的原因。这其实是一种奢侈的现代高级享受。

假如你认为你的一切麻烦均来自幼年时期不正常的待遇——如有过度占有欲的母亲，或有过度专制的父亲；假如这样的说法能让你觉得舒服，并且价钱又付得起的话，那么，你一辈子依靠心理医生去支撑生命，别人也说不出什么的。

有一篇内容精彩、由著名医师威廉·戈夫曼写的《乳儿精神病学》的论文，提到目前日益增多的“心理医生”是如何把大家宠坏了。戈夫曼医师指出，许多向心理医生求助的人通常喜欢“为自己的弱点及与世俗格格不入的行为找出一个心理学上的借口”。这样，他们似乎就得到了某种精神上的慰藉。当心理学一直为那些不能面对成人世界的人寻找托词的时候，许多人也心安理得地把他们遇到的种种困难，归咎于外在的各种因素。

有不少人在两个世纪前都迷信星相学。“我没有好的生辰八字”或“我没有一颗幸运的行星护佑我”，这些都是 16 世纪时人们对许多困难或不幸最常做的解释。

但是，莎士比亚却批驳了这种说法。他在《恺撒大帝》一剧当中，借罗马名将恺撒说出了如下的话：“亲爱的布鲁塔斯，这过错与我们所属的星相无关，它是因那种听天由命的习惯造成的。”

相信你对《圣经》中耶稣的事迹了解得非常多，也非常熟悉，那么你一定知道耶稣最引人注意的品质之一，便是他择善如流、毫不妥协的性格。当有人找他帮忙或医病的时候，他不会浪费时间去细查对方的潜意识，更不会去追查何人应为此事承担什么责任，他只会悲悯地说：“拿起你的被褥回家！不要再犯罪，你的罪已被赦免……”

耶稣的态度显然是这样的：把你的生活改造得更美好才是重要的，不要整日沉溺在自怜的深渊里不可自拔。

英国的都铎王朝有个职业十分奇特，而且残忍至极，愿意做这个工作的人却很多。这个职业源自该朝一个奇怪的习俗，那就是都铎王朝家的小孩都请一名所谓的“挨鞭子的男孩”。由于冒犯皇族是大逆不道的行为，因此王朝家的小孩不可随便侵犯。但小孩难免有顽皮不守规矩的时候，为了让属下谨遵不冒犯皇族的规定，便用钱请来一个“替罪羔羊”，以承受该王朝家小孩应受的责罚。熟悉王朝内的人都抢着要做这个职业，这不仅是因为可以领取薪水，还因为有晋升的特权和机会，因此成为许多人追逐的目标。

当然这个职业到现在已不复存在，但对许多幼稚或不成熟的人来说，这种“替罪羔羊”的形式仍然存在。假如他们找不到人可以当作责怪的对象，他们就责怪多变的时代、现代生活的不安全感、国际形势的混乱及其他耸人听闻的情况等。

不久前我和一位朋友一块去一个画展，那位朋友告诉我他对现代知识十分内行。我当时看到一幅画，作风十分草率，便无意中说出自己的感觉。我对那位朋友说：“我家里有个3岁小孩，搞不好可以画得比这更好。假如这是艺术，我便是米开朗基罗了。”

朋友惊异地说：“你对人类精神的痛苦，难道没有丝毫感觉吗？这位艺术家所要表现的是，原子时代人类所受的压力与迷惑。”

滑天下之大稽！就连一位画得不知所云的艺术家，也可以把自己的无能归罪于原子时代！

我深信：假如原子时代能给人类带来任何希望或满足，而不是破坏或死亡的话，则我们需要的是坚强、成熟的个人，也就是那些能够而且愿意为自己行为勇敢承担责任的人。对于这些希望自己不仅是长大，而且是迈向成熟的人来说，他们应该做的是勇于承担自己行为的后果，而不是推诿责任、逃避责任，让别人替自己“挨鞭子”。

对于不思进取的人来说，困难是最好的挡箭牌。许多人把自己没有获得成功归咎于没有受过大学教育。其实，即使他们真上了大学，他们仍能为自己找出其他许多没有成功的理由。而一个真正成熟的人则不会为困难寻找借口，他们会积极地想办法克服困难，而不是退缩或回避困难。

困难并不等于不幸

爱德华·道希是一家租车店的老板，他与我毗邻而居，专门出租高级客车。我十分欣赏他的品格，他很善于听人讲话，心胸开阔，又喜欢接受新事物，是一个多才多艺的人。有一天，我和他在一起喝茶聊天，当聊到伟人与成功者的话题时，我们都认为那些伟人和成功者通常也都是能够克服困难的人。接着，爱德华问我："你听说过纳达尼·鲍德齐这个人吗？"

我问："是不是一位相当精通航海术的人？"

爱德华点头说："是的。他生于 1773 年，1838 年去世。他 10 岁以后，主要靠自修——自己学习拉丁文，懂得牛顿的教学原理。到 21 岁时，他已经算是一位相当优秀的数学家了。他自小就喜爱航海，又学习了航海术。据说他还在航海时教导全体船员如何用观察月亮与星座的关系来计算船舶的位置呢。后来，他写了一本有关航海术的经典之作。这对于一个没有受过正规教育的人来说，是非常不容易的。"

爱德华说得对，鲍德齐的确是个极富勇敢钻研精神的人。也许没有人告诉过他："大学教育对于科学家来说是不可或缺的训练。"因此，他能不顾一切地向前冲，用自学的方式得到各种必要的知识。在纳达尼·鲍德齐或爱德华·道希这类人眼中，世界上没有"困难"这个词。

对于不思进取的人来说，困难是最好的挡箭牌。许多人把自己没有获得成功归咎于没有受过大学教育，其实，即使他们真上了大学，他们仍能为自己找出其他许多没有成功的理由。而一个真正成熟的人则不会为困难寻找借口，他们会积极地想办法克服困难，而不是退缩或回避困难。

有一次，亚历山大·贝尔在工作不顺利时，向他的朋友约瑟·亨利抱怨说，都怪自己缺乏有关电机方面的知识，致使现在工作起来十分困难。约瑟·亨利是华盛顿区一家工学院的校长。他虽然同意贝尔的说法，但却没有说出来，只是简短地告诉他："现在去学并不晚。"

亚历山大·贝尔果然去攻读有关电机方面的课程，最后成为历史上对机电学作出重大贡献的科学家。

那么，贫困是失败的理由吗？美国总统赫伯特·胡佛的父亲是一个铁匠，后来父母离世，他又成了无家可归的孤儿；IBM 的董事长托马斯·沃森，年轻时曾担任过簿记员，每星期只赚两美元。这些著名的成功人士，都没有认为贫穷是他们的障碍。相反，贫穷成为他们成功的动力，他们把别人用在自怜上的时间全都用在了工作上。

终生忍受疾病痛苦的罗勃特·路易斯·史帝文森并没有因此而颓废。与他交往的人，都认为他十分开朗、有活力。他所写的每一行文字也充分流露出这种性情。正是由于他不愿向身体的缺陷屈服，他的文学作品才更显风采，极具生命力。

回顾历史，许多著名人物、成功人士都有身体上的缺陷。如：拜伦爵士长有畸形足，朱利亚斯·恺撒患有癫痫症，贝多芬后来因病成了聋子，拿破仑则是有名的矮子，莫扎特患有肝病，富兰克林·罗斯福则是小儿麻痹症患者，而海伦·凯勒更是盲聋哑俱全。

就是那些在荧幕上光彩照人的女演员，也有很多坎坷遭遇。被誉为“女神莎拉”的莎拉是个私生女。她的童年充满困苦与磨难，生活毫无希望。但她却以坚强的毅力，克服重重困难，创造了不朽的辉煌人生。

我有一位朋友的儿子患有口吃的毛病。他外表英俊高大，成绩优秀，同学和老师都很喜欢他。为了治好他的病，从小学开始，他的父母就为他请过许多心理专家和口吃治疗专家，但成效甚微。

一天，他回家告诉我的朋友，他将代表全体毕业学生在毕业典礼上致辞，并开始兴致勃勃地准备讲稿。我的朋友除帮他积极查找资料和提供建议外，根本没有提到该如何在演讲时避免口吃这个老毛病。

毕业典礼终于开始了。这个男孩昂首阔步走上讲台，开始发表演讲。会场观众都鸦雀无声地注视着他，因为许多人都知道他患有口吃的毛病。他一开始讲得很慢，但很有信心，接着便很顺利地把 15 分钟的演讲说完，丝毫没有口吃的痕迹。等他讲完之后全场报以热烈的掌声。因为大家都知道，这个男孩竭尽全力克服了自己的缺陷和困难，理应获得他们的嘉奖。

卡尔顿·葛立夫是个小业主。一天，他开车经过莫里镇的一个十字路口时，正好见到一名眼盲的少妇，牵着一条狗要穿过街道，卡尔顿急忙将车停了下来。

这时，一名男士走到卡尔顿的车旁，说明他是那名少妇的训练师。他要求卡尔顿以后遇见这种情况，不用紧急刹车，他说：“训练这狗就是用来防止发生交通事故，假如每部车子都像刚才一样停下来，狗会以为这是应有的状况，而不会特别警觉。这么一来，一旦有车子不停下来，便会发生交通事故。”

这件事真正使我感动的倒不是那位训练师的话，而是那名少妇能采用这样的训练来克服自己的生活，令人可敬可佩。

这些人的心灵都是高尚的，成熟的他们不会陷于自己的困难当中，而是勇敢地去面对它、接受它，然后想办法加以克服、解决。他们不需要怜悯，更不会萎靡不振，甚至去逃避。

我看过一本极富鼓舞性的传记《一个完整的生命——在死神的门口》，作者是洛埃·史密斯。传记的主人公名叫艾莫·赫姆，出生在俄亥俄州的亨特维，当时他的医师在婴儿期就给他判处了死刑，认为他活下去的希望渺茫。

但是赫姆还是活下来了，而且寿命并不比一般人短。虽然他常因右半身严重受伤而痛楚不已，但他始终没有向死神屈服。由于身体不便，他无法从事体力劳动，便转而努力阅读。28 岁那年，他成了卫理公会的传道士，后来又历经两次致命的事故，他都没有因此而失去信念。后来，他的病引起了有名的巧克力制造商约翰·惠勒的注意。几个月之后，在约翰的资助下，这位倒在死神门口的传道士，终于顺利地恢复了健康。

艾莫·赫姆病好后开始募集传道基金，兴建教堂，并以自己的力量帮助当地的学校和医院。这名“单肺传教士”募集了将近三百多万美元，资助了许多被困苦缠身的人。到了 69 岁的时候，他“告老退休”，但还是没有停止工作。他又举办了上千次的讲道，写了两本书，为教会和其他慈善机构募集了 50 万美元，并且担任二十余所专业学校的董事。除此之外，他还捐助 5 万美元以兴建在加利福尼亚州立大学附近的一所教会。

艾莫·赫姆身上到处都是缺陷，但他却无视缺陷的存在，他只知道自己有生命，而且这生命要活得有意义。他把自己的 90 多岁时光充分使用，并用“勇气”谱写了人生。

现代社会处处强调年轻与活力，致使许多上了年纪的人，不免要感叹自己的“缺陷”。有时，他们会感到自己过时了，就要被社会淘汰了。几年前，我在纽约的训练班来了一位已74岁高龄的女学员，她坦然承认不知该如何度过自己的余生。

这位老太太退休前是位教员，一直到强制退休才离开自己的工作岗位。她的积蓄不多，因此必须时时保持忙碌，这对经济和精神上都十分重要。由于她有着丰富的教学经验，无事时便到各个幼稚园去讲故事。她的故事都是精挑细选的经典之作，她还制作了很多幻灯片来加强效果。

我认为她的工作很有意义，并鼓励她把这当作自己的事业来做。

于是这位女学员开始投入到了她的事业中。她知道，年龄并不是一种障碍或缺陷。正是有了这许多年的教学经验，她现在才更有能力把故事讲得更好、更生动。

她不仅用口讲，而且还拿东西让大家看，因此很容易被接受。她充满温馨和富有戏剧性的讲述方式，受到了孩子们的热烈欢迎。

现在，这位老太太已把自己的热忱和信心带到美国各地，并把智慧和欢乐带给成千上万的儿童。她不愿让自己的年纪成为障碍或偷懒的借口，她没有借口年纪大而不出去工作。她重新认识自己的能力和经验，然后把构想付诸行动，因此做得非常成功。对于这位74岁的老人来说，岁月的流逝并没有使她变老，反而让她变得更年轻。年龄对她不但不是缺陷，反而成为一种新生的动力。

萧伯纳很是看不惯那些爱抱怨环境不顺的人。他说：“人们常常抱怨自己的环境不顺利，因此使他们没有什么成就。我是不相信这种说法的。假如你得不到所要的环境，可以制造一个啊!”

事实上，假如每个人每天都认为自己的环境不好，很可能就会把自己的过失推给“缺陷”或种种其他原因。在我年轻的时候，常因自己长得比别人矮而气馁不已。多年之后，我才逐渐明白，身高跟其他许多与生俱来的条件一样，不仅有坏处，还有很多好处，这完全在于自己的态度。

如果别人有一双手，而我只有一只手；如果别人富有，而我比较贫穷；如果我长得高、矮、胖、瘦、脸黑或脸白——无论哪一点使我与众不同，都很可能成为我的缺陷——这种认识是你自己决定的。

把自己与众不同的地方看成是缺陷和障碍的人，是一种心理不成熟的表现，他总是期望自己能受到特别的待遇。成熟的人则不然，他会先认清自己的不同之处，然后心平气和地承认它，并以此为动力，创造自己的辉煌。

要想摆脱不幸的阴影，时间是我们最有力的助手。但唯有我们把心灵敞开，完全接受那不可避免的命运，我们才不会沉溺在痛苦的深渊里难以自拔。

摆脱人生不幸的阴影

日本宣布投降后的第二天，也就是 1945 年 8 月 16 日，玛丽·布朗太太走进位于加拿大渥太华的自家住宅，无边的寂静与空虚顿时包围了她。

若干年前，她的丈夫丧生于车轮之下；接着，与她住在一起的母亲也因病去世。更大的不幸还在后面：

“当许多宣告和平的钟声和汽笛声还不绝于耳的时候，我那唯一的爱子达诺也猝然离开了人世。我已失去了丈夫和母亲，如今儿子一死，我在这个世界上已没有一个亲人了。”

“参加完爱子的葬礼后，我一个人走进那了无生气的大屋子里，孤独、寂寞、空虚、无依无靠的感觉埋没了我。我害怕今后的生活，害怕整个生活方式的完全改变。而最可怕的，莫过于我将与哀伤共度余生，这才是最让我感到恐惧的。”

接下去的一段日子，布朗太太完全生活在一种莫大的哀伤、恐惧和无依无靠的感觉里。她悲痛至极，简直无法接受所发生的一切。她继续描述道：“慢慢地，我明白了时间可以帮我疗伤。只是时间太空虚了，我必须做些事来填补这些空虚。因此，我再度回去工作。”

“工作使人充实起来，我也逐渐对生活再度感兴趣，如朋友、同事等。一日清晨，我从睡梦中醒来，忽然认识到所有不幸均已成为过去，以后的日子一定会变得更好。我知道‘撞墙捶地’的举止是愚蠢可笑的，是不能面对生活的弱者的做法。对于那些我无法改变的事实，时间已教会我如何承受。”

“这种心路历程进行得十分缓慢，不是几天或几个星期，而是一年、两年，但不管怎么说，它还是发生了。”

“多年过去了，回首往事，那段经历犹如一只小船，虽然历经一场巨大的风浪，如今又重新驶回风平浪静的海面上。”

往往很难让我们相信布朗太太这样的悲剧会发生在我们身上。因此，当悲剧发生时最好先面对它们，接受它们。当布朗太太强迫自己接受失去家人的事实时，心理上便已预备要让时间来治疗这样的痛楚。向命运低头、妥协，就像把毒药倾倒在伤口上，是无法让自己重生的。

我们面对不幸的唯一方法就是接受它。当不幸打破了我们完好生活的时候，只有时间可以把这些碎片捡拾起来，并重新抚平。我们要给时间一个机会。在初受打击的时候，我们的生活似乎一下子失去了方向，生活重心也发生了严重倾斜，我们变得浑浑噩噩不知该干些什么。但这不能解决问题，生活还得继续下去，人该干什么还得干什么。我们只有完成了这些生命中的种种运作，痛楚才会逐渐减轻。终有一天，我们又能唤起以往快乐的回忆，并且感受到被护佑，而不是被伤害的感觉。

要想摆脱不幸的阴影，时间是我们最有力的助手，但唯有我们把心灵敞开，完全接受那不可避免的命运，我们才不会沉溺在痛苦的深渊里难以自拔。

不幸遭遇并非都是扼杀人的刽子手，有时候，它还是促使我们采取行动的催化剂，对改善状况大有必要。它能使我们的才智变得灵敏，以帮助我们解决以前难以解决的问题。

印度的克里士纳说：“人的幸福结局，并非是平淡、安稳的享乐，而是轰轰烈烈地与不幸奋斗。”

你可曾见过美国西南地区的沙尘暴地带，你知道那些无情的沙尘暴摧毁过多少农庄、破坏过多少人的生计吗？你曾置身于沙尘中，并且日复一日地吞食那些沙尘吗？

下面讲述的就是一个自小生活在沙尘暴地带的年轻人的故事。他 21 岁了，家就住在沙尘暴地带内，双亲为了生存，一生都在与风暴和干旱搏斗。

父母去世之后，年轻人便担负起养家的重担。直到有一天，他们实在一无所有，马上就要饿肚子。年轻人望着空荡荡的农舍，心绪烦闷。忽然，他 8 岁的小妹妹开门走进来，身旁还跟着她的一个小伙伴。

“哥哥，你可以给我 10 美分吗？”她热切地说，“我们想到店里去买些糖果，我们每人需要 10 美分。”

吉米点点头——因为他想不出一个好理由来拒绝。但他没有 10 美分，搜遍了全身的口袋以及家里所有的地方也找不到 10 美分。

他非常羞愧地说：“妹妹，非常对不起，我没有 10 美分。”

这天夜里，吉米辗转反侧难以入睡，他眼前总是浮现出妹妹那失望的表情。在他短短的人生历程中，他曾经历过不少打击——双亲去世、工人离职、沙尘暴的袭击……但没有一次像这样——他居然没有 10 美分可满足自己年幼的小妹妹……这么卑微的要求……自己的生活，改善自己的人生状况。就在天边泛起鱼肚白新的一天即将开始的时候，他终于下定决心，并想好了整个计划。

吉米原来立志当名教师，但在父母相继离世之后，他改变了主意，他担负起照管农场的工作。现在，眼见农场一再受到沙尘暴的摧残，农场的工作已难以为继。于是第二天，吉米到镇上给自己找了一份临时工作。

找到工作后，吉米搜集到了许多书，每天一有时间他就潜心学习，以准备有朝一日能得到他真正想要的工作——当一名教员。经过不懈努力，后来他终于在一所乡村学校找到教职，并很快赢得了许多人的赞美与尊敬。

这是一种不幸的形式——自己不能拿出10美分来满足年幼妹妹的愿望。这件事驱使吉米改变生活的方向，并且突破了困难，最后终于达到自己所追求的目标。

人生最大的悲痛莫过于生离死别，但是有时候，某些行动却可以减轻与家人分离的痛楚。这是发生在克文顿太太身上的故事。克文顿太太住在密西西比州杰克森克，她3个孩子的身体状况都不好，仅照顾他们就使她颇费心力。不幸的是，有一天她的家庭医师又告诉她，她的丈夫得了一种严重的心脏病，随时都有病发身亡的危险。克文顿太太事后回忆说：

我听了医师的话感到非常害怕，内心惶恐不安。接连好多天失眠，没多久体重便减轻了15磅，医师认为我是过于神经质。一天晚上，我又睡不着觉，便问自己这么担惊受怕是否能改变状况。到了第二天早上，我开始计划自己应该做些有用的事。由于我丈夫颇精于木工，能亲手做出许多种家具，所以我要求他替我做一张床头柜。他答应下来，并且花了好几个下午认真去做。我注意到这种工作带给他极大的乐趣。床头柜完成后，他又为朋友做了好几件家具。

闲暇之余，我们又找了一块空地开垦种植。我们把最好的收成都送给朋友，并尽量想出一些我们可以帮助别人的事来做。有些时候，我们还坐下来讨论有关种植果树等多项计划。

一日凌晨，我的丈夫突然病发逝世。我那时才体会到，其实最近这几年，我们一直把这可怕的压力放在一边，过着有生以来最快乐、最充实的生活。我就是这样面对不幸，并尽力用最好的方式来接受它，转化它。

克文顿太太就是用一种顽强的毅力和积极的方式承受了不幸，从而使她丈夫最后几年的岁月过得快乐又有意义，而她自己也因此留下了一段美好的回忆。

提升自己去帮助别人是摆脱阴影最好的方法之一。有一位家住威斯康星州的太太，由于她把自己个人的伤痛化成力量，转而去帮助其他陷于痛苦的人，因此广受别人的敬重。这位太太的儿子是名飞行员，在第二次世界大战期间驾机迎敌血染长空，年仅 23 岁。

这位太太悲痛欲绝，却很坚强。她说道："我认识许多不快乐的母亲。她们有的因为孩子得了痉挛性瘫痪的疾病；有的则因孩子精神上或心理上不健全，无法正常为社会服务而不快乐。当然，还有些妇女是想当母亲却一直无法如愿。我有幸拥有一个好儿子，并且与他共度了 23 年快乐的时光。我会把这些快乐的记忆永远保留在我的脑海里。现在，我要服从上帝的意旨，尽可能支持帮助其他需要救助的母亲。"

她真的是这么做的。她不辞辛劳地安慰那些因儿子出征而需要帮助的父母，或是出征者本人。"把自己的心思和精力用来帮助别人，你便没有时间去注意自己的烦恼。"这位母亲的所作所为正是成熟的标志，也是我们某些沉溺于苦难中的人应该学习的课程。

生命并不是一帆风顺的幸福之旅，“不幸”这个恶魔随时都可能向我们发起攻击。我们不能像鸵鸟一样把头埋在沙堆里，拒绝面对各种麻烦，麻烦不会因此获得解决。苦难是人类生活的一部分，只有实实在在地去面对，才是成熟的表现。

不成熟的人最常犯的过错，便是遇事不敢面对，一味退缩，一味害怕。许多小孩在玩游戏的时候，常因自己没有胜算而拒绝玩下去，成熟的成年人便不会如此，他们会一试再试，直到成功为止。

请看康涅狄格州诺维斯市长赛门讲的一个故事，内容是有关一名男孩虽然遭遇不幸，却仍然勇往直前的故事。赛门先生在大学时代有个室友名叫杰克，是个活泼有朝气的学生，后来却戏剧性地离大家远去。以下是赛门先生的叙述。

> 杰克极有艺术天分，而且是个非常热心的学生。他参加学校各种表演活动，包括幕后工作与幕前的表演。他是学校各种年度表演的总召集人，他还在乐队担任鼓手，可以说是多才多艺的全能人才。离开学校之后，他到一家电视台工作，后来成为电视影片制作人。他极其热爱自己的工作，每天都把全部精神和力气投入到工作中。
>
> 一天，我突然接到朋友打来的电话，告诉我杰克去世了。这使我异常惊讶和悲痛。朋友告诉我杰克得了一种绝症，他却从来没有让别人知道。从大学时代他便知道自己时日不多。我一想到杰克那时的热忱、风趣、积极参与各种活动的精神，实在唏嘘不已。从他身上，我学到了珍贵的一课：除非生命结束，否则决不停止。

杰克的故事使听到的人无不为之感动，也无不受到他精神的鼓舞。他选择了最勇敢、最成熟的方法去面对难以拒绝的不幸遭遇。

在成人训练班里，有位名叫迈克的学员，也给我讲了一个类似的故事。

1948 年，21 岁的迈克应征入伍，并被派往前线参加战斗。在一次战役中，他不幸受了伤，眼睛什么也看不见了。虽然他承受这么大的伤害和痛楚，性格却十分开朗。他常常与其他病人开玩笑，并把配给自己的香烟和糖果分赠给大家享用。

医生们为恢复迈克的视力尽了全力。一日，主治大夫亲自走进迈克的房间对他说道："迈克，你知道我一向不欺骗病人。我不得不告诉你，你的眼睛无法恢复视力。"

病房里霎时间沉静下来，静得有些可怕。

"大夫，谢谢你！谢谢你告诉我实情。"迈克终于打破沉寂，平静地说道，"其实，我一直都知道会有这种结果。非常感谢你们为我费了这么多心力。"

医生走后，迈克对他的朋友说："我觉得我没有任何理由可以绝望。不错，我的眼睛瞎了，但我还听得见，还能讲话；而且我的身体强壮，还可以行走，双手也十分灵敏。何况，就我所知，政府可以协助我学得一技之长，以让我维持生计。我现在所需要的，就是调整自己的心态，迎接新的生活。"

这位拥有明亮视野的盲眼士兵，由于忙着计算自己所拥有的幸福，竟不屑花时间去诅咒自己的不幸。这便是 100%的成熟，也就是我们面对问题时所要采用的方法。我们每个活着的人都要面对这样的考验，无论是谁。

对于那些面对厄运只会怜悯哀叹的人来说，这里只有一个答案：“为什么不学会面对呢？”

上帝是公正的，他给予每个人同等的机会。生活中既有欢乐，又有磨难。生活的磨难早晚会使我们懂得：在受苦受难的经历里，我们每个人都是平等的。无论是国王或乞丐、诗人或农夫、男性或女性，当他们面对伤痛、失落、麻烦或苦难的时候，他们所承受的折磨都是一样的。无论是任何年纪，不成熟的人都会表现得特别痛苦或怨天尤人，因为他们至死都不明白，诸如生活中的种种苦难，像生、老、病、死或其他不幸，其实都是客观世界的自然现象，是每个人都避免不了的。人要学会的不是逃避苦难，而是勇敢面对，学会摆脱。

要想变得成熟，仅有信仰是不够的。信仰的好处是能增强勇气，使我们在接受考验的时候，不至于临阵退缩。我们只有以信仰为基础，然后付诸行动，才能达到我们理想的目的。

要有自己的信仰

川伽先生继承了一笔10万美元的遗产，10年后却破产了。他说：

我的父亲是个成功的商人，他为人十分慷慨，对我用钱也从不加以限制。在我高中的时候，只要我需要钱，他随时都允许我用银行账号开票。到上大学的时候，我更是肆无忌惮地大把大把花钱了。我完全不知赚钱的艰难，更不知道要用什么方法去赚取，我只知道如何去使用那轻易就到手的纸币。

我这样挥霍浪费的生活一直继续到父亲过世。父亲去世的时候留给我一块相当大而且十分值钱的土地，位置就在密苏里河下游靠近莱新顿一带。我开始以农庄主自居。但不多久，大萧条横扫全国各地，我不得不抵押了一片土地去偿还债务和填补银行存款。但不景气继续维持下去，使我不得不把那片抵押的土地以极低的价格卖出。由于我的花费很大，没过多久，我就把剩下的土地也以此种方式抵押并低价变卖了。

卖土地的钱花完后，我开始恐慌起来。我知道我已一无所有，要继续活下去，必须得出去找一份工作——那是我以前从未做过的事。我非常害怕，夜晚都不能入睡。我唯一的技能是开支票，但开支票能够赚钱吗？我茫然不知所措。

有一天夜里，当我从梦中再度醒来时，我终于明白自己必须面对事实。我对自己说，滑雪橇的童年日子已经过去，现在你已长大成人，当然行事也要像大人。你应该出去工作！

端正了思想，我开始考虑自己信仰什么，究竟能够做点什么。

现在，虽然经济萧条，但我并不是一无是处：我身体健康，受过大学教育，有一定的商业知识，更主要的是我又有从失败和错误中所得到的经验和体会。现在，我需要的是采取行动，而不是自怨自艾。

经过反思，我对自己有了充分的了解。我深知对我来说，找份工作并不容易。但是，我不能退缩，我必须强迫自己用信心来取代恐惧和疑惑。我相信这个国家是个充满机会的地方，只要有决心，人人都可争得一席之地。凭着这份信念，我踏上了人生的征程。

事实证明，我的信念是对的。我在堪萨斯一家财务公司找到了工作，并在那里愉快地工作了4年。后来，我辞去职务，再度回到故乡。这一次，事情进行得顺利多了。由于我的诚信，我的事业扩展很快。我买进卖出，生意进行得得心应手，不久便获得不少利润。感谢多年来失败给我的教训，我终于走上了成功之路。

我用自己赚的钱，再度把我失去的产业买了回来。我的努力没有白费，但更重要的是把这些宝贵经验都传给了我的两个儿子。这比我的父亲只传给我财富的做法要有意义得多。

从这里我们可以明白，我们必须要有自己的信仰。但是，仅有信仰而不采取行动，一切仍然无用。只有信心而没有作为，也是无济于事的。

约翰·席勒在《如何度过一年 365 天》一书中写道：“成熟必须靠学习得来。”而且，必须经过痛彻心扉的苦难才能学到。这也正是李莉安·赫德里学得的教训。

医生初步诊断，家住加拿大沙卡契文市的赫德里太太脊椎骨断裂，且骨骼表面因擦伤而长出刺状物。医生吩咐她卧床静养一个月的同时，还带来另一个坏消息——

听到这个消息，我简直不敢相信自己的耳朵。我一向活泼好动，从没遇到过麻烦事。但现在，不幸发生了。卧床静养的时间从一个月延长到两个月，然后是三个月、四个月……我的勇气和乐观此时已消失殆尽，取而代之的是无尽的恐惧……我只觉得我的一生不会再有希望了。

但是有一天，我从梦中醒来，发觉自己的思绪如水晶般清澈透明。我告诉自己，我还有 5 年的时间可以利用，我还能够为家人做很多事情。只要我继续用药物治疗，并且有信心、有决心战胜病魔，说不定还能改善自己的状况。我不想就这样向命运投降，我一定要尽可能勇往直前。由于我树立了自信心，并且想有所作为，这种恐惧和无力感立刻消失不见了。我挣扎着起床，想要创造新的生活。

我找了一个词当作自己的座右铭，时刻不停地提醒自己：向前，向前，向前！

时间已经过去了5年，现在我再度身体检查，医生认为我脊椎骨的生长情况良好，再维持5年毫无问题。医生要我保持愉快的心境，对生命充满信心，并且继续向前行。这正是我的信念。只要我身上的肌肉还能活动，我一定不会放弃。

赫德里太太的故事证明了信念的力量。她的成熟是信念支撑起来的，并且根据这个信念采取行动。

当然，要想变得成熟，仅有信仰是不够的。信仰的好处是能增强勇气，使我们在接受考验的时候，不至于临阵退缩。我们只有以信仰做基础，然后付诸行动，才能达到我们理想的目的。

有位会计师告诉我，他在应聘一家公司的职位时，曾受到品格的考验。由于这个职务须处理极大的款项，公司便派了一名心理学家来与他面谈，借此详细观察他的品格与诚实度。那名心理学家问了他一个问题："假如你有机会溜进一家戏院看电影，不用付钱，你会这么做吗?"心理学家知道，假如一个人不能在小事上表现诚实，那么在有机会获取大利益的时候，他的举动就更加令人惊讶。

每个人的思想都会借他的行动表现出来。耶稣曾说过："由所结的果子，便可以认出他们来。"是的，行动是检验思想的试金石。如果没有行动，其哲学理论叫得震天动地，对我们也没有丝毫益处；我们所结的果子将是苦的，我们的生命也是虚伪和空洞的。

只要有了坚定的信念，就应当付诸行动。

夏威夷有一名叫保罗·玛哈的建筑承造商，他面对任何艰难困苦都不轻言放弃，因此事业做得十分成功。

1931年，年轻的玛哈先生想在建筑或工业界找一份工作，但由于经验不足处处碰壁，好久都没有一个企业录用他。当时各行各业都很不景气，没有公司需要增聘工程或制图人员，就是经验丰富的老手也是朝不保夕。

“我感到非常失望。”玛哈先生很坦诚地说，“但后来我决定，既然没有人欣赏我，那我就自己来做。我从亲戚朋友那里筹集了 500 美元，成立了一家小小的建筑承造公司。”

“起步之初并不是很顺利，因为大多数想要盖房子的人，都不愿意找一名没有经验又没有名气的人来做。但无论如何，我鼓起勇气，下定决心要干到底。就凭这么一种信念和坚持，我终于接到了几份小工程。

“我的第一单生意是承造一栋 2600 美元的房子。由于实际经验不足，估价不准，结果赔了 300 美元。但是，有了这次失败的经验，接下去的几桩生意便弥补过来了。由于我坚定信心，不懈努力，终于冲破了一生中最黑暗的阶段，迈向了光明大道。”

是的，人不会因为没有信心而跌倒，但是若不能把信念转化成行动，并且不顾一切地坚持到底，理想就无法实现。

> 走向成熟的首要条件，就是我们需要了解并接受这个事实，因为这也是我们与他人沟通的基础。我们必须认可他人是一个完全独立的个体，犹如我们自身一样，否则，要想与他们建立起有意义的关系是不可能的。

你是独一无二的

我对园艺一直非常感兴趣，并在家里亲手设计建造了一个颇具规模的玫瑰园，它给我的生活增添了不少乐趣。一日，当我陶醉在盛开的玫瑰丛中时，我突然意识到："这些，粗看起来都十分相像的玫瑰，其实差异很大，只要仔细看，便会发现它们朵朵不同，甚至连属于同种类别的开出来的花都彼此不太一样，如生长的速度、花瓣曲卷的程度、颜色的均匀与否等，只要仔细分辨，便可以发现它们身上的细微差别和独特风姿。"

走向成熟的首要条件，就是我们需要了解并接受这个事实，因为这也是我们与他人沟通的基础。我们必须认可他人是一个完全独立的个体，犹如我们自身一样，否则，要想与他们建立起有意义的关系是不可能的。

这听起来很容易，做起来却是困难重重。例如，我们常认为自己并无阶级歧视思想，但却不知不觉地常把别人定位在某个阶层——普通百姓、中上阶层、中下阶层、大众市场、低收入人群、街头流浪者、白领阶层、蓝领阶层、上层社会，等等。这些都反映出我们不愿或不能把别人视为独立个体，而只能把大家看成是几大群体中的一员。

我们自己何尝不是别人归类的对象。许多社会研究或调查人员，几乎对我们无所不知，如每天喝多少咖啡、有几辆车子、什么品牌、喜欢看什么电视节目、擅长什么运动，等等。

社会学的这种归类通常强调“定位”“无藩篱”“社会流动性”等，以顺应我们评定某族群的需要，而完全忽视个人的独特性。这就使得个性主义在我们这个国度濒临灭绝，也使我们对自己的独特性愈来愈没有概念，甚至没有了自己的思想，更是不敢标新立异。

现代人非常渴求能够得到如何使自己变得“独特有个性”这方面的知识。姑且不论社会对我们的评定归类、对我们顺应群体的要求带来什么压力，在内心深处，我们却希望自己能与他人区别开来。为了表达这种渴求，解除这种束缚，越来越多的人被送进了心理医生的诊所或精神专科医院，还有一部分人选择用酒精、药物来麻醉自己，使自己完全堕落。

到底用什么方法来治疗这些疾病呢？要如何才能使我们更清楚地意识到自己的独特性？要如何才能变得成熟呢？我的建议如下：

第一，安排一定时间独处，对自己进行反思。

紧张高效的现代社会使我们几乎没有时间来深思自己。我们应该想办法抽出时间来面对自己、认识自己。

对此，每个人的独处方法各不相同。有一位朋友告诉我，他通常在人群拥挤的街道上，一面散步，一面冥思。“这种方法，可以使我达到忘我的境界，所想出的许多解决问题的方法也比较独特。”

我喜欢到附近的教堂去，那里可以安定我的神经，恢复精神，并使自己的心灵变得清澈起来。

此外，我还喜欢接触大自然。虽然并没有充裕的时间可以散步或从事什么户外活动，但我可以独自到花园里走走，甚至只坐在窗旁偶尔眺望窗外的蓝天或树木，这些都可以让心灵得到极好的休息。每到四季交替的时节，面对变化的景致或是大地，我都会感受到大自然的神奇与美妙，甚至想象自己也融入其中，成为大自然的一部分。

然而，更多的人却喜欢静室独处，或用其他自我隔离的方式。总之，每天安排一定时间不受干扰地自我反思，能够对你自己的生活、信仰和种种行为进行深刻探索。历史上许多哲学家或思想家都有独处静修的习惯，如耶稣、佛陀、施洗约翰、笛卡儿、蒙田、拜扬等。

第二，勇于挣脱习惯的藩篱。

我们都生活在习惯的藩篱或习以为常的无聊事件里而不自知，非用火药或极大毅力才能将之破除。想想看，我们有多少人每天都不断重复相同的行为，生命因此而变得迟钝、单调且毫无创新。

在成人训练班里，有一位家住俄克拉荷马州的年轻妇女，把自己如何突破习性束缚的经过告诉我们。

> 我和丈夫都爱看电视，每天下班回到家里，第一件事就是打开电视，然后一面吃速食餐，一面看节目，直到就寝时为止。我们很少与亲友们联络，或阅读书报，或参加社区及其他活动。因为做那些事会错过一些电视节目，就是有人来拜访我们，我们也常常心不在焉，只盼望赶快回到电视机前。一天，我和几个老朋友一道吃午餐，发现自己很难融入其中，因为他们所谈的话题我都不清楚。我很少外出，也很少阅读什么报纸杂志，我几乎很少做其他事，我唯一的嗜好就是看电视。
>
> 我把自己遇到的尴尬告诉了丈夫，并对他说，我们得想办法把这个习惯改掉。他表示同意，我们便开始计

划要如何去做。我们先报名参加某些成人夜校，也开始偶尔去打打羽毛球或跑步；我们到亲友家拜访，或到图书馆借书来看，并大声念出来给大家听。我很庆幸自己摆脱了坏习惯。我感到从电视中走出来的生活更加丰富多彩，更充实，尤其是与他人的关系也变得密切起来。

这两个深陷在习惯的旋涡里的人，经过共同努力，终于自己拯救了自己。

第三，发现生活中最能让我们感到满足的东西。

请看心理学家威廉·詹姆森在 1878 年写给妻子的一封信：

"……我认为，检验一个人品格的最好方法，应该是发掘出他的精神状态来，尤其是发生某些特别事件的时候，使他能感觉到自己最深刻、最活跃的生命。在这种重要时刻，他的心思会豁然开朗：'这是真正的我啊！'"

也就是说，兴奋时刻的我们是最真实的我们自己。因为，感觉到"最深刻、最活跃的生命"，正是最令人兴奋的事。

或许，这种兴奋与观念、性格或某种客观情况有关，但无论如何，兴奋本身能让我们摆脱习性、厌烦和压抑，然后把我们整个的形态自然、不加掩饰地表现出来。

兴奋的品质是决定人类事业能否成功的重要因素，因为情绪的动力是促使我们前进的力量。伟大的物理学家及诺贝尔奖得主爱德华·维克多·亚伯顿爵士就说过："在科学研究的领域里，我认为专业技术远不如热忱更重要。"

亚伯顿爵士的意思并非是说专业技术在研究工作上不重要，而是认为：热忱——也就是一种兴奋——能使一个人把专业技术完全甚至超常发挥出来。

我从事演讲教育已经 44 年，期间我发现，人们在演讲时，其效果当视演讲人对其所讲题目热心的程度而定。不论此人讲的是氢弹、岳母大人或是非洲的热带丛林，他对听众所发挥的影响力，完全是由他对演讲题目是否感兴趣所决定的。

人的个性是天生的，但可以借由某些行为呈现出来。要想发觉真正的自我——也就是可取的与众不同的东西——则必须先除掉许多人性的束缚，诸如恐惧、畏缩、自我疑虑、迷惑及僵化人性中的种种积习，等等。这时，兴奋便有如一把利斧，能把捆绑住自我面貌的层层枷锁斩断，使真正的自我解放出来。

兴奋的表现形式有多种，爱便是其中之一。有部电影名叫《玛蒂》，讲述的就是两个单调寂寞的人如何因爱而彼此敞开心扉，从而迈向一个崭新世界的故事。

对有些人来说，兴奋也可以说是一种令人振奋的工作、活动或创作行为。耶鲁大学的威廉·林恩·菲尔普教授，曾写过一本名叫《教学的乐趣》的书，书中详细描述了教学生涯如何使他活得又兴奋又快乐的人生经历。

有些危急、惊险时刻也能激发人的兴奋感觉，并能把人的某些性格呈现出来。例如在发生战争、洪水或地震时，就会造就出不少英雄人物。因为人在这种极具刺激或挑战性的时刻，才会把真正的自我和潜藏能力激发出来。还有一些退休后与儿女同住的老年人，虽然平常看起来好像没什么用处，但若家庭发生危机或遭受意外打击时，他们发挥出的力量和效率，往往就变得有如巨塔般令人仰之弥高了。

持续不断的自我发现、自我探寻才能促使我们逐渐成熟。除非我们先了解自己，否则我们很难去了解别人。根据苏格拉底的说法，“了解你自己”是智慧的开端。那么，“你是独一无二”的说法，便是现代人对古老智慧的继承和发展。

有人希望依赖别人得到快乐与满足，这无疑会给他人增添负担，并影响到彼此之间的关系。我们应该喜欢、尊重、欣赏我们自己，只有做到这一点才能培养出健康成熟的个性，才能强化与他人相处的能力。

学会欣赏我们自己

“适度的‘自爱’对每一个正常人来说，都是健康的表现。为了从事工作或达到某种目标，适度关心自己是无可非议的。”

布兰敦医师的理论是正确的。“喜欢你自己”是获得健康快乐人生的重要因素。喜欢自己，并不是“充满私欲”的自我满足。它仅仅意味着“自我接受”——接受自己的本来面目，包括自重和人性的尊严。

心理学家马斯洛把“自我接受”列入了心理学的最新概念——“新近心理学上的主要概念是：自发性、解除束缚、自然、自我接受、敏感和满足。”

成熟的人不会浪费时间比较自己和别人不同的地方，不会担忧自己没有比尔·史密斯那样有坚定的信心，或是没有吉姆·琼斯奋勇向前的精神。他可能有时会批评自己的表现，或觉察到自己的过错和效率低下，但他知道自己的目标和动机并没有错。他仍愿意继续克服自己的弱点，向前奋进，而不是裹足不前。

成熟的人不会因自己不完美而痛苦，他要同适度忍耐别人一样适度忍耐自己。喜欢自己与喜欢别人也同样重要。憎恨每件事或每个人的人，只能显示出他们的阴暗和自我厌恶。

哥伦比亚大学教育学院的亚瑟·贾西教授指出：教师的生活

和工作充满了辛劳、满足、希望和心痛。因此，“自我接受”对每名教师来说，都是非常重要的。他认为教育的作用不仅在于帮助孩童及成人了解自己，更重要的是培养他们健康的自我接受态度。

据调查，目前全美国医院里的病床，至少有60%是被情绪或精神出了问题的人所占据。有资料表明，这些病人大都不喜欢自己，都不能与自己和平相处。

分析导致这种情况的各种因素并不是我要讲的内容，我只是认为，在这个竞争日益激烈的商品经济社会中，物质成就已然成为衡量一个人价值的标准。再加上名望的追求、枯燥乏味的工作，凡此种种，都容易使我们的精神产生疾病。我还坚信，由于普遍缺乏一种有力、持续的宗教信念，更易使人们的精神无所依靠。

哈佛大学的心理学家罗伯·怀特博士在其著作《进步中的生命：有关个性自然成长的研究》中强调：“人必须调整自己，以适应周遭环境的各种压力。”这是当今世界最为流行的一种以理想为根的观念，他认为：“人能毫无问题地去适应各种狭窄的管道、单调的例行公事、强制性的规定及达成角色任务的种种压力等。但其采取的行动是否成功，则须看其是否具有拒绝、帮助成长或是改进角色的能力，并且要能创造、表现出积极的力量——说到底，就是在其成长过程当中，要具有创意性的思维和理念。”

的确，现代人很少有勇气独树一帜，或很清楚自己的立场。我们的行为通常受社交或经济族群的影响，如衣、食、住或思考的方式不安或郁郁寡欢。假如周遭环境与我们的个性有差异，有抵触，我们就会变得不安或郁郁寡欢，就会感到失落和迷惑，就会虐待我们自己。

成人训练班上有位女学员就曾有过这种经历。她的丈夫是位成功的律师，年轻有为，事业心极强，也很独裁。这对夫妇的社交圈子当然是以先生的朋友为主，他们大都以声望和取得的成就来衡量人的价值。这位太太个性十分安静、谦逊，这样的生活环境常常使她觉得自己十分渺小，不能发挥自己的长处，而她所具有的优点也常常被轻视甚至忽略。因此她愈来愈对自己没有信心，也为自己不能具有他人的特征而愁苦烦闷。渐渐地，她变得不珍爱自己了。

这位女学员能够适应环境，但却不能适应自己。她不能坦然接受自己的本来面目，而期望能变成另一个与自己完全不同的人。她不明白的是，每个人都具有一定的作用，都可以在生活中表现出来。这种作用必须按照自己的个性表现出来，而不是模仿他人。什么时候明白了这点，她才会把失去的自我找回来。

她自我认同的第一步，是走出别人既定的生活模式，建立一套适合自己的价值标准，并以此开展属于自己的生活。她也必须学习如何与自己相处，不要常常批判自己、贬低自己。

过度自我挑剔是不欣赏自我的一种典型外在表现。适度的自我批评是健康的、有益的，对自我要求进步极有必要，但若超过一定限度，则会影响我们的健康生活。

曾有位女学员在课后找到我，抱怨自己的演讲没有达到预期效果。

她向我诉苦说："当我站起来演讲的时候，突然显得很胆怯、很笨拙，而班上的其他学员似乎都显得泰然自若，很有信心。我想到自己的种种不足，便像泄了气的气球，再也没有勇气讲下去了。"接着，她又细致地分析了自己的弱点，并且逐条一一罗列出来。

等她讲完之后，我便告诉她原因所在："并不是你演讲得不好，而是你老想着自己的缺点，没有把长处发挥出来。"

其实，并不是缺点使我们的演讲、艺术作品或个人性格显得失败。莎士比亚的戏剧里有许多历史和地理上的错误；狄更斯的小说也有不少过度矫情的地方。但谁会去注意这些缺点呢？这些作品的成就远远大于缺点，以致缺点都变得不重要了。我们喜欢一个人、赞赏一个人，是由于他们身上的种种闪光点、优点，而不是劣迹、缺点。

强调自己的优势，培养优点，克服弱点，如此才能不断进步并自我实践。当然，我们也要随时改正错误，但不必一直念念不忘。

耶稣对于那些身体或精神受折磨的人，他不会先去查问为什么这些人会如此，也不会只给予简单的同情说："可怜的人哪，你的运气太糟糕了，命运总是捉弄你。告诉我你落难的缘由吧！"

耶稣没有这样做，而是直接切入问题重点。他说："你的罪被赦免了，回家去吧。不要再犯罪了。"

人们常因以前和现在所犯的种种过错，加之自己心灵的罪恶感，而显得自惭形秽。我们不应该崇尚这样的自己。为了让自己跳出这样的情境，我们必须忘记过去，轻装上阵。

为了学习欣赏自己，我们必须培养出面对自己缺点的耐心。这种耐心并不代表我们要降低种种标准，对自身的缺点放宽界限，而是我们必须了解一个事实：没有人——包括我们自己——能永远达到100%的成功率。期待别人完美是不公平的，期待自己完美更是愚不可及。

多年以前，我在一个组织里认识了一位女会员，她是典型的完美主义者。她对每件事都力求精确，因此凡事不肯相信别人，而必须自己亲自去做。即使做个小小的报告，她也要花费大量的时间去准备、去探究；至于演讲，就更要准备得精疲力竭为止。她讨厌不速之客去打扰她，每次请客都要事前计划得尽善尽美。这位女士把每件事都料理得井井有条，十分完美。但这种完美是建立在没有欢乐、自在或温情的近乎冷酷的基础上的，只会令人敬而远之。

完美主义实际上就是一种残酷的自我主义表现形式。其深层意思是，我们不能仅表现得和别人一样好，而是要超越其他人，要像明星一样闪闪发亮。我们的重点不是自我发挥，不是为了把事情弄好；我们注重的是要胜过别人，使自己达到凌驾于他人之上的独特地位。

作为一个人，完美主义者也如同一般人一样会犯错，会失败。所不同的是他们不能忍受这种情形，并会因此变得厌恶自己，不理解自己。

这样苛待自己是错误的。有时候，我们要练习自我放松，认识到自己的某些错误，要学习欣赏自己。

在前面，我曾提过要每天找出时间独处，以进一步认识自己。独处也是学习欣赏自己的好方法。马里兰州巴尔的摩“赛顿心理学院”的医疗主任李奥·巴德莫医师曾写过：“有人喜欢在晚上休息时反思当日的种种活动。这种独思冥想的习惯，显然是学习如何与自己相处的好方法。”

在生活中，我们只有学会与自己好好相处，才能期望与别人也能好好相处。哈里·佛斯狄克曾经观察那些不能独处的人，形容他们好像“被风吹袭的池水一样，无法映射出瑰丽的风景来”。

独处是自己心灵憩息的港湾，是反省自己的最佳方法，是我们与外界接触的基础。安妮·马萝·林柏在其著作《来自海洋的礼物》中曾说过：“我们只有在与自己内心相沟通的时候，才能与他人沟通。对我来说，我的内心就像幽静的泉水，只有内省时才能呈现其独特的魅力。”

独处对我们的心灵运动十分有益处，就好像新鲜空气对我们的身体极有益处一样。

有人希望依赖别人得到快乐与满足，这无疑会给他人增添负担，并影响到彼此之间的关系。我们应该喜欢、尊重、欣赏我们自己，只有做到这一点才能培养出健康成熟的个性，才能强化与他人相处的能力。

最有独立性格的拉尔夫·瓦多·爱默生有一句名言："要想成为真正的'人'，必须要做个不盲目照搬的人。你心灵的完整性是不可侵犯的……当你放弃自己的立场，而想用别人的观点去看一件事的时候，错误便会油然而生。"

不要盲目照搬

最有独立性格的拉尔夫·瓦多·爱默生有一句名言："要想成为真正的'人'，必须要做个不盲目照搬的人。你心灵的完整性是不可侵犯的……当你放弃自己的立场，而想用别人的观点去看一件事的时候，错误便会油然而生。"

这段话对于喜欢强调"由别人的观点来看事情"以增进人际关系的人来说，无疑将产生强大震撼。

爱默生的话也可以这样理解："要尽量以他人的观点来看事情——但不可因此而失去自己的观点。"假如成熟能带给你什么好处的话，那便是无论遇到什么因素，都能发现自己的信念并增强实现这些信念的勇气。

涉世未深的年轻人，常常会害怕自己与众不同……无论是穿着、行动、言谈或思考模式，都尽量符合自己所属的圈子。家里有中学生的父母，最害怕听到这样的话：

"莎莉的妈妈都让她穿高跟鞋。"

"别的像我这样年纪的女孩子，都和男孩出去约会了。"

"天哪，你们要我成为傻子吗？11 点钟以前回家，那跟蹲监狱有什么区别呢？”

小孩子做事大都愿意与同伴保持一致。在他们心中，被同伴认同是自己存在的最重要证据。假如同伴之间的标准与父母的标准发生冲突，对他们也会造成极大伤害。而对于父母来说，这也正是最让他们棘手的事。

当我们来到一个陌生的地方，又没有以往的经验可以参考的时候，最好的方法便是顺应一般人的标准，直到我们掌握了足够的经验和技能，我们才能照着自己的信念和标准去做。若是还不清楚自己反对的对象或理由便贸然从事改革，那么等待你的必然是失败。

随着见识的增长，时间会使我们形成一套属于自己的价值体系。比方说，我们会发现诚实是最好的行事方针。不仅我们接受教育如此论述，我们自己的观察、经历和思索的结果也这样告诉我们，认为犯罪的代价是不值得的。令人高兴的是，对于整个社会来说，大部分人都赞同并愿意遵守某些生活的重要基本原则，否则，这个世界就是另外一种面目了。

当然，大众准则也有受到考验的时候，它会随时受到一些不随波逐流的人的挑战——这便是文明进步的动力。如人们一向对世袭奴隶制度敢怒不敢言，直到有少数开明进步人士大声呼吁，最后才逐渐得到响应。还有，酷刑逼供、剥削童工、不人道的刑罚、产品误示等。这些不合理的现象一度为大部分人所接受、承认，直到有少部分人提出质疑反对，并坚持到底，才被权力机构逐渐废除。

敢于标新立异，提出自己的见解并非易事，至少不是件愉快的事，有时甚至还有危险性。所以，大部分的人宁愿顺应环境，躲在人群中接受保护，也不对各种统治者提出反对意见或表示异议。事实上，我们并没有体会到，这种所谓的安全是虚伪的。大众心理都是随波逐流，只有那些不合情理的事落到自己头上时，才会有所触动。

人们一味地追求安全感，选择顺应环境，最后只能沦为环境的奴隶。人的真正自由在于接受生活的各种挑战，在于不断奋斗，并经历各种争议。著名的战地特派员爱特加·莫勒曾说："追求消极性的德行——如顺应环境、安全或一般所谓的幸福，并不能使一般男女实现人格的完整性，只有凭借承受重担以达到卓越的境地（这也是最大的幸福才可以达成的目标）。健康的人从不逃避困难，我们的祖先因为了解这一点，才使人类有了今天的发展。"

根据我在前面已经讨论过的观点——接受责任是迈向成熟的第一步，成长应解释成：在父母的保护庇佑之下，逐渐走向自我发展的浩瀚世界。

成熟的人们，不应再后退躲进怯懦者的避难所里，去做环境的奴隶；没有必要隐藏自己的锋芒，盲从别人的思想，而要凡事有自己的见地、理论。

有一种有坚强性格的人，他们根本不需要别人向他们发表什么有关人性价值的长篇大论。这种人通常有强烈的使命感，从而义无反顾地去面对各种困难。

但大部分的芸芸众生——像你和我，或亲朋好友、邻人——却常常摇摆于各种团体的压力之间。在我们的思想意识中，如果反对的人占多数，那必定是我们错了。我们的信念常常被绝对多数所压倒。当大多数人反对我们的时候，我们才会对自己坚持的信念产生动摇。

有人有这样的想法——那些不随波逐流的人，通常是一些古怪、喜欢哗众取宠或喜欢标榜"与众不同"的人。我们不会认为一个剃光头的，或赤足行走的人，或穿着T恤参加正式宴会的人，或在剧院内抽雪茄的女士，是一些喜好自由的独立人士，反而会认为他们像动物园里的猴子一般，是还没有进化的非文明人。

成熟的性格能够进一步坚定我们的信念，并驱动我们去为信仰而努力奋斗，无怨无悔。每个人对自己、对全人类、对神都负有一种责任，就是尽己所能造福人类。

在这方面，爱默生可谓是令人敬佩的模范。他在世的时候，有很多从事反奴隶制或其他种种改革运动的人希望得到他的支持，但都被他拒绝了。爱默生不是不同情这些运动，他衷心希望他们能够成功，如愿以偿。但他却不认为应该把自己的精神与能力放到这些运动上面，因为那并不是他的专长。他一直坚守这个原则，即使因此遭人诽谤，也不曾改变动摇过。

坚持一项由多数人反对的原则，或不随便认同一项大众原则，都需要有坚忍不拔的性格。一个不随波逐流的人，愿意为自己的信念承受罪名而绝不改变，的确需要极大的勇气。

我在一个聚会上曾目睹过这样一件事。当时，话题正转入最近发生的某个议题。在场的人均赞成某个观点，只有一位男士表示异议。他先是含蓄地保留意见，后来因为有人正面向他提问，他才微笑着说："对于这个问题，我本想保持沉默，因为我与各位的看法存在一些差异，而这又是一个愉快的社交聚会。但既然你们问了我，我只好把自己的看法说出来。"接着，他便把自己的看法简要地说了一下，结果立即遭到大家的围攻。他固守自己的立场当仁不让。结果，他虽未说服别人赞同他的看法，却赢得了大家的尊重。因为他坚守自己的信仰，有自己独到的见解。

仅仅在两三个世纪以前，美国人还必须独自去面对生存的挑战。那些驾着马车向西部开发的拓荒者，碰到事情的时候并没有机会找专家来帮忙解决困难。无论遇见多大的危机，他们都只能依靠自己来解决。生病的时候，没有医师，他们便依靠常识或家庭秘方；有敌人来攻的时候，没有警察，他们便利用自己制造的武器和睿智击败他们。要想定居下来，那时还没有什么建筑公司，完全得靠自己的双手修建房屋；想要填饱肚子，更是得靠自己去耕种或捕猎。这些人，每次碰到生活上的任何问题，都得立刻下判断、作决定，因为他们没有可依靠的对象。

现在的我们生活在一个充满专家的时代。由于我们已经对这些专家的权威性有了一种依赖感，因此便逐渐丧失对自己的信心，以致不能对许多事情提出意见或坚持信念。这些专家如此轻易地取代了我们的地位，是因为我们的思想渐渐变得懒惰起来。

我们现今的教育框架完全是一种既定的性格模型，这种教育方式很难训练出什么领导人才。由于大部分的人都是跟从者，不是领导者，所以我们在训练领袖人物的同时，也迫切需要训练一般人如何有意识、有智慧地去遵从领导，如此，才不会像被送上屠宰场的羊群一样，盲目地任人宰割。

教育学家华德·巴比告诉我们：依照国家需要的人格特性训练出的孩童大都具有如下特性——能社交、平易近人、能随时调整自己以适应群体生活等，每个小孩都是如此。因为畏缩性格被认为是不能适应环境的表现，所以每个孩子都必须参与游戏，且轮流当领导人；每个小孩都必须针对每个题目发表意见，都必须讨取别人的认可和高兴。

要使这些国家未来的主人翁都能在我们的教育体系下愉快地接受训练，我们必须要让这些有独立个性的小孩也有独立的空间。比如说小孩喜欢阅读而不喜欢玩棒球，或是喜欢画画而不喜欢弹钢琴，我们都应该允许他们能照自己的意思去做，而不应把他们看成是与群体格格不入的人去加以限制或阻挠。

有一些家长敢于在公立学校为自己子女的教育方式提出异议，这是非常令人敬佩的。因为通常别人会反驳他们没有资格谈论这方面的问题，这些均属教育专家的职责范围。我认识一位住在城郊的年轻人，他就勇敢地站出来为自己儿女的教育方式向学校提出了自己的见解。他是个具有独立思维的人，并对自己的观点极具信心。他不断提出问题，而且独自与世俗的旧习奋战。半年之后，有不少人受他影响，选他出来当社区教育委员会的委员。现在，不但他自己的子女受益匪浅，更有无数名学生因他所提出的意见而得到了好处。

在如今的市场上，泛滥着各种各样的教科书，儿科医师告诉我们要如何喂养、抚育和照顾子女；幼儿心理学家也告诉我们该如何教导子女；成功的商业人士告诉我们要如何进行商业谈判；在政治上，我们投票很少是出于己愿，大部分是跟从某些特定团体的意见；甚至我们的私生活，也常常受某些专家意见的影响。这些专家观察、制作图表，然后把意见推销给大众，让大众接受并依其行动。

我们绝大多数人都没有想到自己其实才是世界上最伟大的专家，但是在他们自己本身、家庭或事业的世界里，他们的所作所为不过是因为“专家”这么定义，或那是一种潮流，重在参与而已。

爱特加·莫勒非常幸福地用“群体状况”这个词来警告我们，他认为这种东西会扼杀人类个体的珍贵价值。

莫勒在《周末文艺评论》中写道：

> 这种扼杀无异于人们斥责的纳粹政权，它鼓舞了人性中的残暴和专制成分，这是与美国社会的理想背道而驰的。
>
> 美国的立国精神除了维护国家的独立外，最重要的一条就是要使人民在国家中受到尊重。假如美国人因受威胁、贿赂或被教育成不具独立人格的族群，他们就有权利起来反对政府。

莫勒在文章最后辛辣地说：

> 虽然人类还无法达到天使的境界，但这也并不是他们必须变成蚂蚁的理由。

难以讳言的是，“保持自己的真面目”是我们最难做到的事情之一。在这充满了大众产品、大众传播及装配线教育的发达社会，了解自己很难，要维持自己的本来面目更难。比方说，我们常把人们按照其所属的集体或阶层进行归类评判，如“他是工会的人”“她是职业女性”“他是自由派”“他是反动分子”等。几乎我们每个人都被别人贴有标签，也毫不留情地为别人贴上标签，很像是小孩玩的“官兵捉强盗”的游戏。

普林斯顿大学校长哈洛·达斯曾以“成为独立个体的重要性”为题在1955届毕业典礼上发表了演说：

无论你正在承受多么大的压力，使你违心地改变自己去顺应环境，只要你是个具有独立个性气质的人，便会发现，不管你如何尽力想用理性的方法向环境投降，你仍会失去自己所拥有的最珍贵的资产——自尊。想要维护自己的独立性，可以说是人类具有的神圣需求，是不愿屈尊附就的尊严表现。随波逐流虽可一时得到某种情绪上的满足，却也会使自己的心情难以平静下来。

达斯校长最后做了一个发人深省的结论，他指出：

人们只有在找到自我的时候，才会明白自己降生于世的意义、责任、义务归属等这些基本的问题。

1955年6月，澳大利亚驻美大使波西·史班德爵士，在受任为纽约联合大学的名誉校长时，曾经指出：

我们生存的意义是要发挥出我们所有的聪明才智和技能。我们对自己的国家、社会、家庭都具有责任。这是我们来到这世上的理由，也是使我们活得更具价值的基础。如果我们不去履行这些义务，社会便会杂乱无章，自然我们的天赋和独立性也不能发挥。因此我们有权利也应有一个神圣的机会去培养自己的独特性，只有这样，才能造福于自己、亲朋，乃至全人类。

人只有心灵成熟，或心智持续成长，才能与人讨论任何事情而不致引人生厌。因为他会使每件事情变得具有意义。同样的事，言语乏味的人处理起来毫无趣味，但成熟的人却能将其变得妙趣横生、朝气蓬勃。

不要让人觉得讨厌

在我们生活的环境中，有些人总是在不断地给人制造乏味，让人心烦，使人讨厌。这种人的行为虽算不上犯罪或过格，但却极大地危害着人们，而且人们也无法将这些令人乏味的人或事隔绝开来，使它们不致总是纠缠我们。现在的医学技术非常高超，可以治疗许多疾病，如喉炎、手癣、疥疮、疔毒、腰酸腿痛，甚至一些癌症等，但至今还没有什么药方可以治疗这种“令人乏味”的毛病。

在没有特效药方的情况下，我们只好以预防来代替治疗。在治疗之前，我们应该先诊断出该病的病因。首先我们要来分析一下“令人乏味的人或事”所产生的条件或方式。假如我们发现自己具有这些症状，便会明白为什么前天莱特夫人没有送来请帖，邀请我们出席她的生日晚宴了。

以下列举了几种最令人生厌的状况。如果我们事先发现在自己身上有这些情形发生，应尽力加以避免，竭力使自己变成一个令人喜欢的人。

一味谈论小孩或宠物的事

人们通常见面，不可避免地会问一些诸如“你的小孩好吗”

之类的话，岂不知这种话却最会招来一大串令人生厌的评论。

这些评论其实毫无价值可言，但只要开闸，你便要呆坐在那里，任凭一泻而出的话题把你淹没。这类品牌的谈话基本上都是如下这些内容。

> 哎呀，我的汤姆近来又犯老毛病了，他拒绝吃早餐，还把整碗麦片倒翻过来，盖在自己的头上。真是太调皮了！没法子，我只好打电话给小儿科医师。我对医师说，我已经想尽各种办法了，但汤姆总是不肯好好吃东西。他不是把麦片吐出来，便是把麦片弄得到处都是。我只要一会儿不看着他，他就会把麦片弄得满身都是。
>
> 医师让我把麦片加点香蕉再试试看。但是，汤姆从来就不喜欢吃香蕉。他说："汤姆不要蕉蕉。"胖胖的小手挥个不停，还高声大叫，差点把屋顶给掀了。你不知道，他比同龄的小孩长得快，我们附近没有一个小孩像他这么有表达能力，真是奇怪！就在前天，他还把桌布从桌上拉下来，然后用那对水汪汪的大眼睛望着我，说："汤姆拉拉。"把我和丈夫都乐坏了。

就像这样的不咸不淡的话题，相信你听着听着也快要烦死了。更令人无法忍受的是，无论何种话题都能够被这种人轻而易举地拉向她所想要说的方向，无论是多么风马牛不相及的事，都能马上"言归正传"。你若想把话题岔开，谈谈电视节目或是天气等，根本不起作用，她们两句话就能转到自己的宝贝孩子身上。

这样的女士比比皆是。假如当时的话题是有关国际战争或航天方面的，她都能干净利落地把话题直接引到她女儿达芬身上。

她会说："啊，你知道战争多可怕呀！就在前几个月，达芬一位同学的父亲在国外因战争受了重伤，达芬还特地去看望了他。达芬回来时显得非常难过，她说她爱我们。"

就是这样。事实上，这些都是心灵尚未成熟的人，因为他们还不懂得交友的首要法则——为别人着想。

使人不胜其烦的是，这些令人生厌的话题涵盖范围异常广泛，不仅只是有关小孩的，还有可能是丈夫感兴趣的——重新装修客厅，或是玛利表姐的水果收藏室；也有可能是某兄弟的工作，或是痛苦遭遇；甚至也可能是有关猫狗等宠物的琐事。有一天，我在曼哈顿的某个街角碰到一位老朋友，她便用整整 40 分钟向我描述了她家的可爱猫咪的消化系统如何出了毛病，把我听得大倒胃口，她却没有一点儿感觉。

谈话没有侧重点

马克·吐温有篇小说，是写一个唠叨乏味的人。故事是这样的：

> 啊，你知道西部的哈比印第安村里是什么样的吗？我可是知道，因为我去那里参观过。我们是星期五早上出发——啊，不是，应该是星期四。对，我们得星期四走，因为星期三我要先去治牙病。我上面的牙长了一个洞，因此要牙医帮我修补一下。啊，上帝，那个牙医真是多话，一直讲个不停。幸好他还懂得做生意。我曾和上司提起过他。说到我的上司，你可能不认识他，他真是个懒虫，什么事都要靠我去料理。有一天，我对爱拉说："爱拉，如果我哪天辞职了，你想我的上司会怎么办？"爱拉回答说："假如你辞职不干，我就要回家去找妈妈了。"你听，这是成年人说的话吗？
>
> 听了半天，你都不知道那个哈比印第安村究竟是什

么样的！

踢到木桩了

这种性格的人较健谈的人数量要少一些，但也值得一提。

当你搜肠刮肚想要找出一个能与对方探讨的话题时，却发现完全是剃头挑子一头热。你试了又试，想要逗他讲出一些东西，但得到的只是面无表情的反应，或几声单调的“哦”而已。够幸运的话——我可从来没有过——你也许还能听到一句比较具体的问话——“是吗”，这便是对你滔滔不绝最大的奖励了。

这种人就像木桩一样，毫无感性，想从他那里发掘出智慧或礼貌性的反应更是难于上青天。他们无法对你感兴趣，只会永远保持那种木桩似的安静，似乎没有一点知觉。他们就如同威廉·史特格笔下的漫画人物坐在你的面前，假如那些画中人能走出来的话。

不管谈什么，都喜欢争论不休

同这种性格的人谈话，你永远别想占上风，因为任何话题都会像回力球一样，反弹回来打到你的脸上。这种人就像一部百科全书，似乎知晓每件事的答案，并可以只用几句简单干练的话结束任何讨论，不给别人再发言的余地。假如你同他有不同的意见，他会毫不客气地指出你的弥天大错。

他大声咆哮：“上帝，你真是疯了！难道你没看报道这事早经证实，就是——”或是，假如他当天情绪较好，则会放低声音告诉你：“事情的真相不是你说的那样，先生让我来告诉你，其实……”

这种唯我独尊的人，其实也是不成熟的表现。麻烦的是，他们总会告诉你一些事——断然地、结论性地、突然地——而且是你特别不喜欢听的东西。

对付这种不成熟的人，只有一个办法：就是无论他讲什么，你都唯唯诺诺表示同意。否则，纵使温和婉转地表示否认，一场消耗战也会把你弄得身心疲惫。与这种人交谈，你很难期待能彼此讨论或交换看法，因为他只注重如何把自己意见说清楚，而且带有一种不容侵犯的权威性，使你无力反驳。

低调主义者

这是一些对生活悲观失望的人。生活对于他们来说就像是在坐牢。他们对人生没有什么指望，认为人世间到处是陷阱、泥沼和各式各样恶毒的人，甚至连气候也变得不稳定，变得比以前更恶劣了。

与这种人交谈，你不知不觉地就会感染上这种情绪，变得闷闷不乐起来。因为这种气氛跟坏天气一样，具有不良的影响力，无论你自己的情绪有多好，只要气候一变，你的身体很难不被感染。

我认识一位太太就是这类人。每次见面，她都要向我详细报告近况。不幸的是，我总是听不见一件快乐的事。

“我昨天上街，想要买些布料做一个厨房用的窗帘。”她告诉我，“可是我整整等了20分钟也没有一个店员过来为我服务。他们根本不忙，有的聚在一起闲谈，有的在照镜子。有时，他们偶尔也望我一眼，也许我不像是什么有钱人，不值得特别侍候，竟没有一个人搭理我。其他店的情形也是一样，我真是受够了！还有，我最近身体状况也不大好，医生说我的消化系统几乎处于瘫痪状态，我能正常生活简直是个奇迹！还有这天气，总是使我的骨头疼痛难忍。像我这种情形，你一定认为我的家人多少会关心我一点，但是，坦白地说，我在家里得不到一点温暖。这个世界真是糟透了。”

以上只是她谈话的一部分。这些人所能抱怨的，可是几天几夜也说不完。

无论是喜欢唠叨的太太，或是健壮的青年，这类人只要一开口，通常都是说个没完没了。他们把自己放在舞台中央，是各方注意的焦点。只不过台下却是哈欠一片，鼾声四起。

以上所提到的种种人士，他们并不知道自己的言谈令人生厌。正如我们所说，没有人会故意惹人讨厌。这些人认为自己是各种集会的活力泉源，是八面玲珑的交际家，是活泼的信使，可爱的传播员。也许你和我也正是这一类型的人，只是我们自己尚未察觉。

值得庆幸的是，这类状况并非是无迹可寻的，只要我们留心观察，随时警觉，还是可以及时挽回听众的。比方说，有些听众脸上会呈现出极不自然的表情。如果我们正兴致勃勃地谈论女儿如何懂事、会心疼人，突然发现听众坐立不安、心神不宁的样子，那时我们便要赶快停止话题，或是让对方也有机会可以谈谈他们家的小儿子。当然，接下来你便也会感受到同别人一样的痛苦。

再比如说，如果对方开始偷偷地看手表，或者开始左顾右盼，其用心就更明显了。你那时若不立即打住话题，就要明白对方已开始心烦意乱，甚至在心里开始咒骂了。公开演讲的人尤其应该随时注意这种“叫停征候”。

看到这里，你可能会产生疑问：以上谈到的问题，究竟与心灵的成熟有多大的关系呢？我们可以这么说，言语乏味不生动，缺少变化，这就说明说话人缺乏智性、逻辑能力和对人的敏感性，而这些特性都是完成健全人格、对别人产生正常反应的决定性因素。

让别人喜欢你的前提是你首先要付出，而且是真诚地付出，不是靠一时的吸引或哄骗。让别人喜欢你，并不是指勾肩搭背、与人攀谈、动作滑稽或讲些逗趣的笑话就达到目的了。那应该是一种心境、一种高尚纯洁的品质，或是一种愿意把自己的情感、爱心、专注力以及服务精神献给他人的愿望。

别人为什么要喜欢你

当我们开始对生活产生憧憬的时候，常常会梦想有朝一日要写出一部永垂青史的小说来。我们想象别人是如何称赞那本书，如何听到掌声，如何享受到那永远的荣耀。

梦想自己如何如何的打扮，想自己无论到哪儿都有无数的鲜花和掌声，自己说的话到处有人在传，还有……我们想的都是美好的事情，就是从来不曾想过可能会遭到的困难，或是那些枯燥乏味的冗长工作，那些在创作过程中所流出的泪和汗。我们想的都是有关荣耀的报偿，而不是怎样去获得这份荣耀。

像这种“空中楼阁”似的幻想，可说是典型的“一颗孤独的心灵想要得到温暖”，或是“渴望得到友谊”的心理表现。只是，我们把次序弄错了——我们是希望别人先来喜欢我们，却不曾想要先取得别人的认同和好感。

我时常听到这种埋怨：“我少言寡语，很难引起别人的注意”“没有人会喜欢与我交往”或是“他们并不想认识我”，等等。

你有没有想过，凭什么要别人喜欢你？这世界谁也没有义务非要喜欢你或我，或任何一个人。有什么特别的理由要别人会特别选中你呢？除非我们具有他们所要的特质，否则，他们没有理由非要注意你。

要想赢得别人的友谊或感情，首先要做的就是用心去改善自己的精神面貌，并修养到能让别人喜欢你的品质，而不是担心别人是否能够接纳我们。

中国的圣哲孔子说得好："最重要的，不是别人有没有爱我们，而是我们值不值得被爱。"著名歌唱家玛丽安·安德逊曾经很动情地讲述了她早期的生活情况——那时她的事业正处于低迷状态，她几乎就要放弃自己喜爱的歌唱生涯。后来，凭借心灵的追求，她才逐渐恢复勇气和信心，准备继续为自己的事业奋斗下去。她告诉母亲："我不能再这样下去了，我要继续唱下去！我要每个人都喜欢我！我要追求自身的完美！"

她母亲听后，对她说："我支持你的决定，但有一点我要提醒你：人在成就伟大的事业之前，必须先学会谦卑。"玛丽安听了深受启发，她决心在音乐造诣上"力求"完美，而不仅仅是"想要"完美。"谦卑先于伟大"，这是母亲送给她的人生赠言。

以拥有狗明星"强心"而名噪一时的亚伦·卜恩，通过长时间地与狗共同生活与合作，使他深有感触，写下一本极为轰动的畅销书——《写给强心的信》。他在书中说到，强心在拍片时总能保持最佳状态，因为它并不是为报酬而工作，而是真的喜欢这项工作。好几次，现场根本没有人要求它表演，它却一直做着各种可爱的动作——这就是它能成为明星的真正秘密。

卜恩先生还讲述了一个小舞星的故事。那个小女孩在试镜时局促不安，几乎晕倒。卜恩告诉她："不要去想试镜的结果，只要高高兴兴地跳就行了。"

那个女孩听后放松身体，试镜之后果然被录用。

事实证明，赢得别人注意的最好方法就是不要去担心结果如何，或在意别人是否喜欢我们。只要我们开始采取行动，努力去实践那些必须完成的事项即可。正如威廉·奥斯勒爵士所说的："不用为模糊不清的未来担忧，只要实实在在地为现在努力即可。”

我有个作家朋友，叫荷马·克洛维，他十分擅长人际交往，无论是环卫工，还是身价百万的富翁，在与他接触 15 分钟后，都能被他的魅力深深吸引。为什么呢？他既没有华丽的外表，也没有万贯家财，他有什么可以吸引人呢？因为他一点也不矫揉造作，他能让别人感觉到他真的对他们感兴趣。

归结起来，我的这位作家朋友幸福之源的秘诀就是对人诚恳热情、愿意助人。对于他来说，无论多么恶名昭著，无论对方从事何种职业，他都不会在意。只要是身为一个人，对他便意义重大，便值得他付出关爱。他总是很快就能像老朋友一样与陌生人交谈起来，并不是专谈自己的事，而是尽量谈对方的事。通过交谈，他可以知道对方是从哪里来、做什么事、有什么家人，等等。他不会说个不停，只是向对方表示自己的兴趣和关心，借以建立起友谊即可。

只要你有爱心，连最爱嘲笑人生的人，都会像阳光下的花朵一样吐露芬芳。正像约瑟夫·格鲁大使所说的：“外交的秘诀可以用一句话来概括：‘我想要喜欢你。’”

荷马·克洛维从来没为结交朋友发过愁，因为他已经是每一个人的朋友了。他不在意别人是否喜欢自己，只是专心地去喜欢别人，结果到处都是他的朋友。

有经验的销售人员都明白这个道理：如果你太在意生意的成败，你就会因心理负担过重而影响你的表现。“大众食品”的董事长哈利·布里斯在大学时代，曾经靠推销缝纫机来勤工俭学。布里斯先生认为，一个好的推销员应把如何为顾客进行更好的服务放在首位，其次才是关心交易是否成功。

许多人都有这样的经验，玩高尔夫球的时候，眼光都集中在球上。我在教导学生如何与人沟通的时候，经常强调要把注意力集中在所要传达的信息上面。假如你遇事过于在意成效如何，就容易产生紧张、害怕、表达不良等情绪，结果反而会事与愿违，达不到真正的目的。

这些经验都是我通过多次教训总结出来的。我生性怯懦，好多人都以欺负我为乐。像餐馆的老板、人力车夫、计程车司机等，都喜欢吓唬我。此外，我的性格也比较内向，属于那种腼腆型。要我站在别人面前讲点话，花费的精力大概和别人主持一台大型节目差不多。

多年以前，我到某地进行一场演讲。听说当地的听众相当难缠。我事前与一位好朋友聊天，不免流露出紧张的情绪。“万一听众不同意我讲的话，怎么办?”我神经兮兮地问那位朋友。“如果他们不喜欢我，那我可就惨了。”

“你说得很对，”朋友回答道，“他们为什么要喜欢你呢？你能为他们干什么？你认为自己要讲的话很重要吗?”

我说：“那些东西对于我来说，的确意义十分重大。”

“这就对了。”她继续说道，“我倒觉得听众喜不喜欢你无足轻重。重要的是你有没有把想讲的信息传达出去，至于他们喜欢或讨厌你，并没有什么关系，你只要达到了自己的目的即可。”

朋友的话深深触动了我，也启发了我。现在，每当我准备发表演讲的时候，都会在事前静心祷告以求我能够传达出对这些听众有益的信息来，让他们有所收获，满心欢喜地回家。这样的祷告使我谦卑地体认到自己只不过是个传达某些信息的讲解员，而不是要卖弄自己的学问或风采的轻薄学者。我的任务是要带给听众一些鼓舞性的思想，而不是炫耀自己。

让别人喜欢你的前提是你首先要付出，而且是真诚地付出，不是靠一时的吸引或哄骗。让别人喜欢你，并不是指勾肩搭背、与人攀谈、动作滑稽或讲些逗趣的笑话就达到目的了。那应该是一种心境、一种高尚纯洁的品质，或是一种愿意把自己的情感、爱心、专注力以及服务精神献给他人的愿望。

这有点像《圣经》里的内容，是吗？不错，我们的文明越进步，就越可发现在几千年前的宗教信仰里，早已贯穿了我们现代人为人处世的一些哲理。

以《来自史洛夏普的少年》一书而闻名于世的英国卓越的知识分子休士曼，身兼诗人、评论家、演讲家和教师等身份。他一向不喜欢教条和所谓的“宗教传说”，但有一次，他在演讲中却引用了《圣经》中的经典之语：“我认为人类史上最有深度的一句话是：‘那些想挽救生命的人，往往会失去生命；而那些失去生命的人——对我来说，其实是挽救了生命。’”

虽然休士曼强调的是艺术家应当看重创作本身，而不是创作所可能得到的报偿。但此语对艺术的理论属实，对事业、对赢取友谊、对人类各方面的种种努力，亦是属实。我们应把首要的事放在前头，如：要想获得关心，先要值得被关心；要想赢得友谊，先要表示友善；要想使别人对我们感兴趣，首先要对他们产生兴趣——没有任何捷径可走。

“施比受更有福”是句至理名言，也是我们赢得友谊和情爱的制胜法宝，我们要把它落到实处。我们不能只是把金矿藏在内心，黄金必须使用才能显示其价值。像《圣经》所说的：“由所结的果子，便可认出他们来。”

我们常常有一种错觉，认为夫妻间深厚的感情是不必常挂嘴边的。但是，假如这种感情长期不表示出来的话，它很可能就会因失去滋养而干枯掉。我们常听许多太太说到，当她们亲爱的丈夫为某些小事表达谢意的时候，她们是多么欣慰呀！

爱是人类世界和谐的精神力量，世界缺少了爱的关怀，无疑将会变成一片荒漠。因此，与人交往时，我们必须感受到他人的感受，要有“人饥己饥，人溺己溺”的敏感。这就是“同理心”，是我们与他人“同在”的一种感觉。同理心能使你真正体会到手足、朋友、父子、母子、邻里之间的情谊，也是人与人之间能够融为一体的感情联系。同理心使人类能够摆脱奴隶制度，迈向真正的文明。同理心是我们若想维持成熟的人际关系所应必备的一种交际能力。

当行动的时机到来时，让我们抛掉犹豫，振作起来，立即投入到行动中去，不要拖延时间，不要找任何借口。

抓住时机采取行动

1946年，加拿大尼亚加拉大瀑布镇的一个名叫G. W. 卡斯特罗的年轻人，从军队中退役返乡。很快，他在安大略水力发电公司找到了一份工作——机械工。安稳、快乐地工作了18个月后，有一天老板告诉卡斯特罗一个好消息——他将升为厂里重油机要组的领班。

当时，我一听到这个消息，便担起心来。卡斯特罗先生说，原来我一直是个快乐的机械工，现在却成了可怜的领班。责任压得我透不过气来。无论醒着或睡着、在家或在厂里，焦虑总是伴随着我。

果不其然，我一直担心、害怕的重大紧急事件发生了。当时我正走向一座应该有4部牵引机在牵引4部巨大的挖掘机的沙石场。一切似乎安静得很不自然。很快，我就找到了原因——4部巨大的牵引机全都坏了。

过去的忧虑跟当时的担忧比起来都算不上什么了。我向上司报告4部牵引机都坏了的情况时，整个脑袋都快要炸开了。急促地报告过这个消息之后，我等着屋顶塌下来压在我身上。

出乎我的意料，一切并非我想象中那么糟糕。我的主管满脸笑容地向我说了一句话，就是活到 120 岁我都不会忘记那句话——“把它们修好!”

我的担忧、恐惧和焦虑顿时烟消云散，上下颠倒的世界又恢复了原来的样子！我走出去拿起工具，开始修理机器。那句美妙的话——“把它们修好”，是我生命中的一个转折点，改变了我对工作的处理方法。从那时候开始，我每天都感谢那位主管，并热心地工作。我抱定一个决心，那就是如果出了任何差错，我都要想办法把它解决掉，而不仅仅是担忧。

在主管对事不对人的管理下，G. W. 卡斯特罗学会了成熟——在必要时拥有行动的能力。做决定和执行决定是成熟的一环。当然，我们必须从各种角度分析、研究问题，因为当解决问题的时候到来时，我们必须选取明确的行动解决它。

然而，许多人不敢担负起做决定、执行决定的责任。对于他们而言，出了差错受到责怪的恐惧，远比成功的希望更具有影响力。因此，他们尽可能避免要负责任的情况，甚至在必须做决策时，他们反而会陷入担忧、恐慌和迟疑的迷雾中。拖延必要的行动所引起的内心冲突和紧张，很有可能造成身心的崩溃，而且往往真的会造成这种恶果。

印第安纳州波利斯市的西奥图 · G. 斯坦坎普，就是那些幸运者之一。他的父亲不仅知道明确行动的价值，而且还知道以他儿子永生难忘的方式来教导他。事情是这样的：

12 岁那年的一天，我被门前那条街的孩子王打了一顿，我便对他充满恐惧，因此决心留在家里不出门，这样就比较保险了。几天之后，我的父亲给我一些钱去看电影、买冰激凌吃，用来奖励我帮忙割草。我收下父亲给我的钱，但不是去看电影——平常我最喜欢看电影的——怕会遇见那个打我的孩子。

我父亲问我是不是生病了，我支支吾吾地蒙混过去了。第二天傍晚，我冒险到巷子里去玩弹子。后来我看见我的敌人——这时候他看起来简直就像《圣经》里那个被大卫杀死的菲利斯丁大巨人一样可怕——向我冲过来。我拼命地跑进我家的车库里，气喘吁吁，吓得全身发抖,然后却发现我正跟我爸爸面对面。他问我究竟在干什么，我软弱地解释说我们在玩捉迷藏。这时候巷子里传出那个恶魔的声音："出来，你这个胆小鬼!"

我爸爸拿了一条大约2英尺长的汽车皮带走过来，然后平静地告诉我说，要是不出去面对巷子里那个孩子的话，就得躲在车库里挨皮带。我当时不知所措，于是我的父亲便抡起皮带抽在我的屁股上，那种痛楚超过打架时挨过的拳头。

我像颗炮弹般冲出车库，出其不意地攻击那个孩子。第一拳打过去，他没有心理准备，因此我痛痛快快地揍了他一顿，并把他赶出了巷子。

接下来的几天是我童年记忆中最快乐的日子。我充分享受勇气所带来的报偿，重新找回自尊。而且我学到了一个我长久以来一直珍藏的真理——不要逃避现实而要勇敢地面对它。我从一条汽车皮带和一个明智的父亲那里学到了这个真理。

一个人应该如何保护自己呢？做出决定并据此加以行动。对大多数人来说，生活大部分时间都是循着常规前进的，但谁也无法预知什么时候会发生紧急状况，因此迅速采取行动，衡量可行的办法，并选择最好的一项付诸实施的习性，可能有一天会成为左右我们自己以及依靠我们的人的生死关键。

艾尔·拜瑟普的生命里就遇到过这种情况。拜瑟普家住在俄亥俄州春田镇。拜瑟普夫妇带着 3 岁的小女儿开车去度圣诞节时遇到了大风雪，高速公路上的车子被迫停了下来。他们想要掉头，但是后面的道路也被风雪阻断了。拜瑟普先生向我述说了这件往事。

> 我们忧心忡忡地等了一个多小时，黑夜逐渐降临，天气越来越冷，风一阵阵地将雪吹到我们的车子上，越积越高。我看看妻子和女儿，我知道如果我们想活命的话，就必须想个办法出来。
>
> 我想起来我们曾在不远处经过一幢农舍，如果我们能到达那里就得救了。我抱起小女儿，开始穿越雪地，那是一段非常艰苦的路程。我陷入齐腰深的积雪里，艰难跋涉。但是我们做到了！
>
> 接下去的 24 个小时，我们一直在农舍里度过，那里成了我们以及另外 33 个同样受困于风雪中的人的避风港。如果我们陷入困境后不及时采取行动，都将会悲惨地死在冰冷的雪堆里。

当行动的时机到来时，让我们抛掉犹豫，振作起来，立即投入到行动中去，不要拖延时间，不要找任何借口。

“三思而后行”和“投资之前先做调查”并不是要我们陷入犹豫不决中，而是警告我们不要采取不以事实为基础的仓促行动。

可以想象，当医生在没有确诊病症之前，便盲目对患者开膛破肚，这是一件多么不堪设想的事。不错，在这种例子中，行动是必要的，但行动的成败基于先前的诊断。

我们来举一个不那么极端的例子。住在新墨西哥州阿尔布奎克的西奥图 · E. 考斯太太，几年前曾为维持她生病的母亲家里的开销而伤透脑筋。原本给予她们经济支援的叔叔打电话给考斯太太，问她能否节省开销或削减两位护士的薪水。

对于考斯太太而言，这并不是一件很容易解决的事情。她答应叔叔说考虑一会儿后给他回电话。她很感激他为她母亲所尽的心力，也很愿意减轻他的负担。下面我们看看考斯太太是如何做的。

> 我纸上思考最内行，因此我拿出一大本活页纸，将母亲的收入列出一张表来，包括她的有价证券收入和我叔叔给的钱，然后再列出她的一切支出。我发现母亲的衣食支出很少，但有一幢每年用掉三四十吨煤、每个月煤气费二三十美元、有11个房间的大房子，再加上两个女护士、税金、保险费等，费用非常庞大。显然，这幢房子不得不放弃掉。
>
> 另外，母亲的健康状况越来越糟，我不知道移动她是否妥当。她一直想在那幢房子里度过余生。在这个问题上我顾虑太多，无法做出决定，因此我去请教一位医生朋友。他建议我去找离我家只有3分钟路程的一家私人疗养院的女主人。
>
> 这个女人仁慈、能干，她答应照我预算之内的收费照顾我母亲。于是我决定将母亲送进她开的疗养院。
>
> 对大家来说一切都进行得很顺利。母亲一直不知道她搬了家，以为她还住在自己家里。我也可以天天去看她，而不必一个星期才去一次。她受到更好的照料，我叔叔的财务问题随之迎刃而解。这个经验告诉我，如果我将问题写在纸上好好分析的话，通常都能自行解决问题。这是我此后经常使用的办法。

很显然，考斯太太之所以获得成功，是因为她详细地分析了事情的前因后果。如果考斯太太事前没有对事实进行适当的整理分析就采取行动，她可能会严重危害到她母亲的福利，而财务问题也不可能获得解决。

毫无疑问，当经济上出现了问题时，将一切事实列在纸上，让它们清清楚楚地呈现在你眼前，将大有裨益。这世上谁没有遭遇过金钱上的问题呢？

伊利诺伊州奥尔尼的杰克·吉姆夫妇也遭遇过同样的问题。和许多新婚夫妇一样，吉姆夫妇几乎在蜜月还没度完之前就有了苦恼——他们有了未付的账单。当时正处于第二次世界大战期间，杰克就要应征入伍了，而他们有一大堆的账单要付。

> 经过几天的折磨，我们认为担忧毫无用处。因此，我们坐下来做一点清算的工作。清算的结果是：我几乎欠镇上每个商人的钱，虽然数目不大，但是绝对超出我入伍前能清偿的范围。因此我们决定告诉每一位债权人，我们打算每个月还一点儿钱给他们。
>
> 接下来我认为我将要进行我所做过的最艰难的一件工作。出乎我的意料，面对第一个商人，告诉他说我不久就要离开了，而且无法清偿欠款。但是当我告诉他打算每个月还他一小笔钱时，他竟仁慈地接受了我的提议。我松了一口气。接下去，商人一样仁慈、体谅。后来，我的债务都一一清偿完毕。战后我回到家里时，还有一个商人到我家去，感谢我这样守信用。

许多人之所以夜夜失眠，终夜愁苦，他们尽可能拖延做决定的时刻；如果无法拖延，就惶恐地采取一些令人越陷越深的仓促行动。这是因为他们无法像杰克·吉姆那样坐下来冷静地面对问题，尽可能避免面对现实去分析问题，以致无法彻底了解处境。

第 4 章　平安快乐有秘诀

今天就是生命，是你唯一确实拥有的真正生命，充分运用今天吧！对某些事物激发点兴趣吧！把你自己摇醒吧！培养一种好习惯，让真正的热忱拥抱你，你就能把今天活出趣味来。

读读历史吧，试着将你的眼光扩展到 1000 年以前。从永恒的角度来看，你将会发现，“你的”烦恼同历史相比，是多么不值得一提啊！

是什么原因使洛克菲勒变成异常苍老的模样呢？烦恼、惊吓、高度紧张的生活，正是他把自己推到坟墓的边缘。好在他进行了调整，这个在 53 岁差点见上帝的人，后来竟然活到 98 岁。

一天当中，我总要将手中的工作停几次，仔细检讨自己是否已经彻底放松了。现在，当电话铃响时，我不再像以前那样急着去接听；有人对我讲话时，我也会使自己轻松得像熟睡中的婴儿一样。

现在我的生活变得轻松愉快，就像欠债的人还清了债务一般，一身轻松。

通过这一个小时的阅读，我就会明白，即使是目前这么恶劣的情况，实际上也比以前强过百倍。这使我能够正视我现在所遇到的困难，明白这个世界正在不断地进步，朝着更好的方向发展。

事情总是向更好的方向发展

◆ 罗杰·巴伯森（经济学家）

每当我发现自己的心情不愉快时，我都可以在一小时之内抛弃所有烦恼，使自己很快成为一个快乐、达观的人。

我是这样做的：

我闭上眼睛，走进书房，走到专放历史类书籍的书架前，随手取出一本书——我根本不知道我拿的是普里斯科特写的《墨西哥征服史》，还是史东尼所著的《恺撒传》。我随手翻到一页。然后，睁开眼睛，顺着翻开的地方读上一个小时。我越往下读，就越能体会这个世界总是痛苦不断，人类文明总是濒临毁灭的边缘。历史上充满了悲剧故事：战争、饥荒、穷困、瘟疫，惨无人道。

通过这一个小时的阅读，我就会明白，即使是目前这么恶劣的情况，实际上也比以前强过百倍。这使我能够正视我现在所遇到的困难，明白这个世界正在不断地进步，朝着更好的方向发展。

这个方法有非常奇特的效果。读读历史吧，试着将你的眼光扩展到 1000 年以前。从永恒的角度来看，你将会发现，“你的”烦恼同历史相比，是多么不值得一提啊！

信不信仰“宿命论”都无关紧要，但当猛烈而酷热的狂风吹进我们的生活，而我们又无法躲避时，那么我们不妨接受这种不可避免的命运，然后再想对策解决。

不妨接受不可避免的命运

◇ R. V. C. 勃德莱

1918年，我离开熟悉的、温暖的家园，前往非洲西北部，和阿拉伯人一起住进撒哈拉这个“阿拉的乐园”。我在那儿住了7年，掌握了那些游牧民族的语言。我穿着他们的服装，吃着他们的食物，按照他们的方式生活。我像一个牧羊者，睡在阿拉伯人的帐篷里。同时我还研究了他们的宗教，并写成了一本名叫《先知》的书，向欧洲人介绍穆罕默德。

在撒哈拉住帐篷的那7年，是我这一生中最安详、最满足的一段时间。

我有过丰富的阅历、多姿多彩的生活。我的父母是英国人，而我却出生在巴黎，在法国待过9年。后来，我在英国著名的伊顿学院和皇家军事学院毕业。然后，我以英国陆军军官的身份在印度待过6年，我在当地打马球、打猎，并到喜马拉雅山探险。我参加过第一次世界大战，战争结束时，我被选派参加巴黎和会，当了一名助理军事武官。在巴黎的所见所闻，令我深感震惊和失望。我在西方前线的4年战争中，深信我们是为了维护人类文明而战。可是在巴黎和会上，我却亲眼看见了自私自利的政客们的丑恶嘴脸，是他们给第二次世界大战埋下了导火线——每个国家都在为自己争夺土地，在各个国家之间制造仇恨，并再度掀起秘密外交的各种阴谋活动。

我对这个世界充满了失望。我开始厌倦战争，厌倦军队，并厌倦这个社会。我生命中第一次难以在夜晚入睡，我开始对自己从事的职业感到烦恼。好友利弗·乔治建议我从政当官，我考虑接受他的劝告，可是这时候发生了一件奇怪的事，它改变了我后来 7 年的人生道路。这件事发生在一次不到 4 分钟的谈话中。这次的谈话对象是“泰德”劳伦斯，亦即第一次世界大战中最富浪漫色彩的“阿拉伯的劳伦斯”。他曾同阿拉伯人一起住在沙漠里，他还建议我也这么做。开始，我对这个建议嗤之以鼻。

但是，因我已经决定离开军队，所以必须再找一份工作。私人老板可不希望雇用像我这种从正规军队退伍的军官——尤其当时求职的人多如牛毛。所以我听了劳伦斯的建议，和阿拉伯人住在一起。

后来，我发现我的选择是非常明智的。因为在大沙漠，阿拉伯人教会了我如何克服忧虑。他们相信穆罕默德在《古兰经》上所写的每一句话都是阿拉的圣言。因此，当《古兰经》上说“上帝创造了你，以及你所有的行为”时，他们也就完完全全地接受下来。这也正是他们能够安详地生活，当事情出了差错时也不发雷霆怒火的原因。他们知道，早已注定好的事情，除了上帝，没有人能够改变它。不过，这并不是说他们在面临灾难时不知道怎样应变。

为了使你相信他们的智慧，我想把我住在撒哈拉经历的炙热暴风告诉大家。那场暴风连着刮了三天三夜，风热强劲而猛烈，甚至把撒哈拉的沙子吹到了法国的隆河河谷。我觉得我的头发似乎全被烧焦了，喉咙又干又痛，眼睛热得发痛，嘴里全都是沙子。我觉得自己好像站在玻璃厂的熔炉前，被折磨得几近疯狂，但还勉强保持着清醒。但这些阿拉伯人并不抱怨，他们只是庄严镇静地呼唤“阿拉”。

热风暴之后，他们立即宰杀所有的小羊羔，因为他们知道那些小羊根本不能活下去了，况且杀死小羊还可以挽救母羊。在杀死小羊之后，他们就把羊群赶到南方喝水。所有这一切都是在十分冷静的状态下完成的。他们对于自己的损失没有任何忧虑、抱怨或哀伤。一位部落酋长说：“这还算不错的。我们本来也许会损失拥有的一切，但是感谢上帝，我们还留下了40%的羊群。一切可以从头开始。”

还有一件事也给我留下了深刻印象。有一次我们乘车横越大沙漠时，有一只汽车轮胎爆裂，司机又忘了带备用胎，所以我们的汽车只剩下3只轮胎。我又急又怒，烦躁不已，问那些阿拉伯人该怎么办。他们对我说，事已至此，急怒伤肝，不如顺其自然。他们还说，车胎爆裂是上帝的意思，别无办法可想。于是，我们就靠3只轮胎又开始往前走，没过多久，车又停了下来——原来汽油也烧完了。但酋长只说了一声："麦克托伯！"他们并没有因司机所带汽油不足而向他大声怒吼，反而保持冷静。后来，我们只好徒步到达目的地，一路上高歌猛进，士气高昂。

在和阿拉伯人相处的日子里，我渐渐明白了一件事：在美国和欧洲的精神错乱、疯狂和酗酒，都是那种环境——烦扰的文明生活——造成的。只要我住在撒哈拉，就不会有烦恼。我在这个阿拉的乐园里找到了心理上的满足和肉体上的健康，而这正是我们大多数人在努力寻找却难以找到的东西。

现代科学的发展，使人们对"宿命论"产生了怀疑，也许他们是对的，可是又有谁知道呢？也许，我们大家可以从许多事情上看得出来，我们的命运是早已注定了的。例如，如果我不在1919年8月一个闷热的下午和"阿拉伯的劳伦斯"交谈3分钟，那么我以后的人生道路也许将完全不同。现在回顾过去，发现我的生活一直受到许多我无法控制的事情的影响。阿拉伯人认为，这就是"吉斯米特"——阿拉——的意旨。你可以按照你的方法来称呼它。它对你的确存在奇异的影响。我只知道，在我离开撒哈拉17年后的今天，我依然保持着从阿拉伯人那里学来的生活乐趣，愉快地接受那些不可避免的事情。这种人生哲理，可以说比服用上千支镇静剂还能安抚我的紧张和不安。

信不信仰"宿命论"都无关紧要，但当猛烈而酷热的狂风吹进我们的生活，而我们又无法躲避时，那么我们不妨接受这种不可避免的命运，然后再想对策解决。

在那个改变我一生的早晨，我偶然地打开了《圣经新约》，发现了那句经文：“他派我来，亦和我在一起——天父并未将我遗忘。”

一句经文救了我

◇ 乔瑟夫·希瑞博士（布鲁恩斯威克神学院院长）

在我发现这句话之前，我的生活盲目而迷惘，我无法左右我的生活，可以说是浑浑噩噩。在那个改变我一生的早晨，我偶然地打开了《圣经新约》，发现了那句经文：“他派我来，亦和我在一起——天父并未将我遗忘。”

从那以后，我的生活即全面改观，对我来说所有的事物皆和以前不同，我从它那里获得了精神和力量。我想我每天都重复使用这句话。在这几年当中，许多人前来向我请教，我就送给他们这句经文。

自第一次看到这句经文以后，我就发现它是宗教的根本，它使我的生活变得更加有意义，它成为我生活上的金科玉律。

我认为，痛苦的经验是件好事。我很高兴自己做过世界上最辛苦的工作，它使我所有的日常问题在此比较之下，全变得不足挂齿。

克服最痛苦的挑战

◇ 泰德·埃里克森

以前，我常常无缘无故地烦恼不已。不过，现在情况已经完全不同了。1942 年夏天的一次经历，使我的忧愁烦恼全部消失，但愿永远如此。

多年以来，我一直有一个愿望，希望能在阿拉斯加的一艘渔船上工作一段时间。1942 年夏天，我如愿以偿地开始在阿拉斯加科地亚克的一艘 32 英尺长的鲑鱼拖网渔船上工作。这艘船上只有 3 名船员：船长负责督导，另外一个副手协助船长，剩下那一个则是日常打杂的水手。日常打杂的通常都是北欧人，而我正是那个北欧人。

由于鲑鱼拖网必须配合潮汐进行，因此我经常连续工作 24 个小时。有一次，我整整如此工作了一个星期。

我的主要工作是“拉网”。我只要站在船尾上，把渔网的浮标和边线拉上来即可。这看起来很简单，实际上渔网很重，当你想把它拉上来时，它却动也不动。我想把渔网拉上来，却把船本身拉下去了。由于拉不动渔网，我只好用尽力全力，沿路拖着不放。我这样做了好几个星期，几乎把我累死了。我浑身痛得厉害，而且连续几个月都没有恢复。

后来，当我终于有时间休息时，我在一个临时凑成的柜子上铺下潮湿粗劣的被褥，然后倒头就睡。我浑身上下无处不疼，但我却熟睡得像服用了安眠药——极度的劳累就是我的安眠药。

现在回想起来，我很高兴我吃过那些苦头，后来这些却成了我的精神财富，因为它们使我不再烦恼。现在，一旦遭遇了困难，我就会反问自己："埃里克森，还有什么会比拖网更辛苦的呢?"我总是回答说："不，没有什么事情比它更苦!"于是我又振作起来，勇敢地接受挑战。

我认为，痛苦的经验是件好事。我很高兴自己做过世界上最辛苦的工作，它使我所有的日常问题在此比较之下，全变得不足挂齿。

我对一切事情都很放得开。当我由一个工作换到另一项角色时，我把刚才的问题完全抛诸脑后。这样才能令我神清气爽地面对下一个工作，保持头脑清楚。

打破忧虑的妙招

◆ 欧德威·泰德

忧虑是一种习惯，而我在许久之前就打破了这种习惯。我之所以能革除这种习惯，我相信应归功于以下 3 件事。

第一，我太忙了，根本没有时间焦虑。我从事 3 项主要的工作，每一项工作都是全职。我在哥伦比亚大学向团体演讲。我也是纽约市高等教育委员会的主席。我还担任哈伯出版公司经济社会书籍部门负责人。这 3 项工作让我没有余暇去烦恼。

第二，我对一切事情都很放得开。当我由一个工作换到另一项角色时，我把刚才的问题完全抛诸脑后。这样才能令我神清气爽地面对下一个工作，保持头脑清楚。

第三，当我离开办公室时，我会提醒自己不要把烦恼带出去。它们是持续不断的，总会有一些有待解决的问题等我去伤脑筋。如果我每天把这些问题带回家，并为它们烦恼不止的话，我就是在摧毁自己的健康，同时，也是在摧毁我适应这些问题的能力。

是什么原因使他变成这般模样呢？烦恼、惊吓、高度紧张的生活，正是他把自己推到了坟墓的边缘。

睡好每一个晚上

“石油大亨”约翰·D. 洛克菲勒在 33 岁就成了百万富翁。43 岁时，他建立了世界上前所未有的最大的垄断企业——规模庞大的“标准石油公司”。但是当他到了 53 岁时，他的健康状况却遭到严重破坏，各种烦恼和高度紧张的生活几乎使他卧床不起。这时，他“看起来就像个木乃伊”，这是为他写传记的作家约翰·温克勒透露的。

当时，洛克菲勒患了一种怪病，不仅头发全部掉光了，甚至连眼睫毛也掉得一根不剩，整个脸上只有一绺淡淡的眉毛，看上去就像一个可笑的小丑。

温克勒说：“他的情况十分严重。有一段时间，他被迫靠喝人奶维持生存。”根据医生们的说法，他的病属于“脱毛症”，这种病通常是由于过度紧张造成的。这时，他的头部光秃秃的，模样很是古怪，这使他不得不戴上帽子。后来，他为自己订制了一些假发，每顶假发 500 美元。从此他就一直戴着这些假发度日。

洛克菲勒从小在农场长大，他的肩膀又宽又壮，腰杆笔直，以前的他身体十分强健，步伐稳健而有力。可是在 53 岁的时候——这正是大多数男人的壮年时期——洛克菲勒的双肩却已经下垂，走起路来就像一个 80 岁的老妪。

作家佛林在为他写的传记中写道：“当他照镜子时，看见的却是个老头。没完没了的工作、无穷无尽的烦恼、长期的不良生活习惯、经常失眠，以及缺乏运动和休息，夺走了他的健康，使他挺不起腰来。”

虽然他当时已成为世界上最富有的人，但他只能吃些连穷鬼都不屑一顾的食物。当时他每周的收入是 100 万美元，而他每周所吃的食物只需 2 美元就可解决了。因为医生只允许他吃一些酸牛奶和饼干。他的皮肤早已失去光泽，看起来像是老羊皮包在他的骨头上。而金钱这时候也只能为他付医疗费用，使他不至于在 53 岁的时候就死去。亿万家财差一点不能换回他的健康。

是什么原因使他变成这般模样呢？烦恼、惊吓、高度紧张的生活，正是他把自己推到了坟墓的边缘。

早在 23 岁的时候，洛克菲勒就开始全身心地追求他的目标。他的朋友说：“除生意上的好消息外，没有任何事情能令他开怀大笑。当他做成一笔生意、赚到一大笔钱时，他会高兴得把帽子摔到地上，开心地跳起舞来。但如果失败了，他就会随之病倒。”

有一次，洛克菲勒在五大湖上托运一批价值 4 万美元的谷物，但他为了节省保险费用，没有投保水上险。因为保险费太高了，要 150 美元。那天晚上，暴风雨袭击了伊利湖，这使洛克菲勒十分担心，怕他的货物遭遇不测。在第二天早上，当他的合伙人乔治·加勒来到办公室时，发现洛克菲勒已在那里，正绕着房间焦急万分地来回走动。

他发抖地说：“你快去看看现在是否还能投保险，如果不能的话，就来不及了。”

加勒立即冲到城里，买好保险，当他回到办公室时，发现洛克菲勒已经病倒了。这时，恰好来了一封电报，说货物已经卸下，未受到暴风雨袭击。但洛克菲勒反而更沮丧了，因为他已经浪费了 150 美元！他太伤心了，只好回家去卧床休息。

当时他的公司每年做着 50 多万美元的生意，而他却为 150 美元的保险费而如此失魂落魄，甚至病倒在床上。

在洛克菲勒的日程表上没有游玩的时间，也没有时间休息，除了赚钱和教堂生活之外，他的其他时间都被工作占据了。当洛克菲勒的合伙人加勒和其他 3 个朋友花了 2000 美元买下一艘二手游艇时，洛克菲勒几乎心痛坏了，他拒绝搭乘那艘游艇出航。

在一个星期六的下午，加勒发现洛克菲勒还在办公室工作，就对他说："走吧，洛克，我们乘船出去玩玩吧！暂时忘掉工作，轻松一下。"

但洛克菲勒却一点也不领情。他冷冷地说："乔治·加勒，你是世界上最浪费的人，你现在正在破坏你在银行的信用，这也是我的信用。将来你会把我们的生意毁掉。不行，我可不能乘你的游艇，我永远也不愿见到它。"于是，他整个星期六下午都留在办公室工作，使加勒讨了个没趣。

洛克菲勒的一生都缺乏幽默感和安全感，他在事业成功之后说："每一天晚上，我一定会先提醒自己，我的成功也许只是暂时性的！然后才躺下来睡觉。"

此时，他的公司已有几百万美元的资产，但他天天担心会失去一切财富。怪不得这些忧虑会拖垮他的身体。他没有时间游玩或娱乐，也从未进过戏院，从没打过纸牌，从未参加过宴会。这正如马克·汉纳所说的："他在别的事情上都很正常，唯独为金钱疯狂。"

其实，洛克菲勒的内心非常孤独。他在俄亥俄州克利夫兰市向一位邻居承认，说"希望有人爱我"。但是他那过分冷漠多疑的性格，使很多人都不喜欢他。有一次摩根大发怨言，说不愿意和他打交道。"我不喜欢那种人，"他一脸不屑地说，"我不愿再和他有任何往来。"

洛克菲勒的自私性格使他的亲弟弟对他也深恶痛绝。他弟弟甚至把自己孩子的棺木从家族的祖坟中移走，他说："在我的亲骨肉之中，不允许任何一个人在约翰·D. 洛克菲勒所控制的土地上安息。”

洛克菲勒的职员和同事对他也是敬而远之。但令人好笑的是，他竟然也怕他们——怕他们在办公室以外随意说话，“泄露公司的秘密”。他对人类天性没有任何信心。有一次，他和一位独立制造商签订了10年合作协议，但他要那位商人保证不告诉任何人，甚至连他的妻子也不能说。“闭紧你的嘴巴，努力工作。”这就是他的座右铭。

后来当他的事业达到顶峰，他的财富像维苏维火山的金黄色岩浆那样源源不断地流入他的保险库时，他的私人世界却在顷刻之间崩溃了。许多书刊和文章都公开谴责“标准石油公司”不择手段攫取财富的财阀行为——因为它和铁路公司之间的秘密回扣，无情地击垮了所有竞争者。

洛克菲勒的所作所为，使宾夕法尼亚州的居民对他痛恨到了极点。被他击败的竞争对手甚至把他的人像挂在树上解恨——他们当中有许多人都恨不得亲手将绳子套在他那萎缩的脖子上，并将他吊死在树上。充满火药味的信件也如雪花般地飞进他的办公室，威胁说要取走他的性命。洛克菲勒因此雇用了许多保镖，以防止遭对手杀害。他试图忽视这些仇恨之火，他曾以讽刺的口吻说：“你们尽管踢我、骂我，但我还是按我自己的方式行事。”

尽管如此，他毕竟也是一个普通人，无法忍受人们对他的仇恨和敌视，也受不了忧虑的侵扰。他的身体开始不行了。这个新的敌人——疾痛——从内部向他发起进攻，令他措手不及，惶恐不安。

刚开始，他试图对自己偶尔的不舒适保守秘密。但是，失眠、消化不良、掉头发，这些全身烦恼和精神崩溃的肉体上的病征却是无法遮掩的。最后，医生只好将惊人的实情坦白地告诉他，说他只有两种选择：他的财富和烦恼，或是性命。他们警告他，他必须在退休和死亡之间做出抉择。

这个冷酷的“金钱至上”主义者向死亡屈服了，他选择了退休。在退休之前，烦恼、贪婪、恐惧已经彻底破坏了他的健康。美国最著名的传记女作家伊达·塔贝看见他的时候，几乎吓坏了。她写道：“他的脸上显示的是可怕的苍老，我从未见过像他那样苍老的人。”

女作家几乎不敢相信自己的眼睛，洛克菲勒可比当时重新收回菲律宾的麦克阿瑟将军还要年轻几岁呀！但他的身体已如此衰弱，他的亿万家产为何不能保护他的身体呢？伊达·塔贝为他深感悲哀。她当时正在撰写她那本有名的著作，揭发“标准石油公司”的罪恶。她当然不会喜欢这个一手建造了这个庞大组织的人。但是，她又说，当她看见洛克菲勒在主日学校教书，焦急地搜寻他四周的面孔时，“我有一种前所未有的感觉。这种感觉与日俱增。我真为他担心。我知道，一个人没有知心的伙伴是一件很悲哀的事。”

医生们开始挽救洛克菲勒的性命，他们为他制定了 3 条规则，这成为他后来奉行不渝的戒律。

第一，避免烦恼。在任何情况下，都不为任何事而烦恼。

第二，放松心情，多做适当的户外运动。

第三，注意节食，随时保持半饥饿状态。

洛克菲勒严格遵守这 3 条规则，才挽救了自己的生命。他从自己的事业上退了下来，学打高尔夫球，修整庭院，和邻居们在一起聊天。他还出去打牌、唱歌，或进行其他一些娱乐活动。

温克勒告诉我们说：“在那段痛苦的日子和失眠的夜晚，洛克菲勒终于有时间进行自我反省。”他开始为别人着想，并停止去想还能赚多少钱，而且还开始思考如何用这些钱换取人类的幸福。

说明白点，洛克菲勒现在开始考虑的是如何把数百万美元的财富捐赠出去。谁知道捐钱有时候也不容易。例如，当他有一次准备为一座教堂捐款时，全国各地的传教士一致发出反对的怒吼——“腐败的金钱!”

洛克菲勒没有理会这些反对之声，而是继续捐献。当他获知密歇根湖岸的一家学院因为抵押权而被迫关闭时，他立刻做出了援助行动，捐出好几百万美元给这家学院，将它建设成后来举世闻名的芝加哥大学。

洛克菲勒还对黑人进行捐助。例如，塔斯基吉黑人大学需要一笔基金来实现黑人教育家华盛顿·卡文的志愿，洛克菲勒二话不说，就捐出巨款。他还出资协助消灭十二指肠虫。著名的十二指肠虫专家史泰尔博士说：“只要价值50美元的药品，就可以为一个人治好这种病。可是又有谁会捐出这些钱呢?”洛克菲勒立即捐了出来。

洛克菲勒捐出数百万美元消除了十二指肠虫，解除了曾经使美国南方陷于瘫痪的这种疾病后，他又采取了更进一步的行动。他成立了一个庞大的国际性基金会“洛克菲勒基金会”，这个组织主要致力于消灭世界各地的疾病、文盲及落后。

洛克菲勒创建基金会，在美国历史上尚无先例，当时在全世界也绝无仅有。洛克菲勒深知世界各地有许多有识之士，他们正在做各种有意义的活动：各式各样的科学研究，一所所学校的建立，医生的医学实验。但是，这些高尚的工作却经常因为经费短缺而宣告结束。他决定帮助这些人道主义的开拓者，但并不是“将他们接收过来，而是资助他们一笔钱，帮助他们完成工作”。

洛克菲勒基金会为人类做了许多好事，在这个基金会的资助下，人类发现了盘尼西林和其他多种新事物。它的资助还使一代又一代的孩子不再因患上“脊髓性脑膜炎”而死亡。此外，它还使我们克服了疟疾、肺结核、流行性感冒、白喉和目前仍在危害世界各地的其他疾病。

洛克菲勒把钱捐出去之后，是否已获得了心灵上的平安？不错，他最后终于感到满足了。“如果人们仍然认为他在 1900 年以来因为人们对‘标准石油公司’的攻击而一蹶不振的话，那他们就错了，”亚伦·尼文斯说，“那他们可就大错特错了”。

洛克菲勒十分快乐。他已经完全改变了，不再烦恼伤心。事实上，在他被迫接受生命中最大的一次失败时，他甚至不愿因此而失去一个晚上的安稳睡眠。

那次失败是由他一手创建的“标准石油公司”这个庞大组织被政府勒令付出历史上最重的罚款。根据美国政府的说法：“标准石油公司”是一个垄断性企业，直接违反了“反托拉斯法案”。结果这场官司打了 5 年。全美国最优秀的法律人才全都投入到了这场在他们看来似乎永无终止的官司上，但“标准石油公司”最后还是以败诉告终。

在南迪斯法官宣布了他的判决之后，辩方律师担心洛克菲勒无法接受这个坏消息，但他们却不知道此时的洛克菲勒已不是以前的洛克菲勒了。

那天晚上，律师团中的一位律师打电话给洛克菲勒。他尽量委婉地把法官的判决告诉他，然后这位律师很关切地问：“洛克菲勒先生，我希望这项判决不至于让你烦恼。希望你今晚能好好睡上一觉。”

洛克菲勒毫不迟疑地回答：“不要担心，琼森先生。我本来就想好好睡它一觉。希望你也不要因为这件事而不安。晚安！”

你也许不会相信，这些话竟出自一个曾因损失了 150 美元而伤心地躺倒在床上的人之口。其实，这些话的确是他说的。约翰·D. 洛克菲勒花了很长一段时间，才克服了他的烦恼。为此，这个在 53 岁就差点见了上帝的人，后来竟然活到了 98 岁。

他说：“婚姻生活的不美满，绝大部分皆可归咎于性生活的不调和。只有最差劲的精神病学家才会否认这种说法。从任何观点来看，如果性关系本身已获得满足，则另外许多婚姻生活上的矛盾都好解决。”

从惨痛经历中获取教训

◇ B. R. W

不能用真名实姓来发表这篇文章，我颇为苦恼。但由于这件事牵涉的私人部分太多，所以我不可能使用真名。不管怎样，本书作者卡耐基先生可以为这篇文章的真实性作证。我第一次把我的故事告诉他，距今已有12年了。

我从大学毕业后，在一家大企业机构找到了一份工作。

5年后，这家公司派我到太平洋彼岸的远东地区，担任公司代表。

在离开美国的前一个星期，我娶了我心目中最可爱最温柔的女孩为妻。但对于我俩来说——尤其是她——我们的蜜月旅行却充满了失望和悲伤。当我们抵达夏威夷时，她失望到了极点。若不是因为她羞于面对老朋友并承认婚姻生活的失败，她可能早就离我而去了。

我们勉强在远东一起度过了两年——那样的生活用不愉快恐怕不能形容其十分之一。我十分痛苦，好几次都想自杀。后来有一天，我偶然发现了一本书，使整个情况完全改变。

我的最大嗜好就是读书。有天晚上，我去拜访远东的某些美国友人，在浏览他们那间藏书丰富的图书室时，偶然看见一本书，书名为《理想婚姻》，作者是韦尔迪博士。从书名看，这像是一本喜欢说教的假道学论文报告。但由于好奇心驱使，我将它打开，发现里面所讨论的几乎都是婚姻生活中有关“性”的一面,开诚布公、毫无保留地讨论，但却毫无任何粗俗之谈。

在此之前，如果有个人告诉我应该去阅读“性”方面的书籍，我会认为那是对我的一大侮辱。看那种书？我觉得我甚至可以写一本那方面的书。但不管如何，由于我自己的婚姻极其失败，我决心要把这本书好好看一遍。所以我鼓起勇气向朋友借来了那本书。

我现在可以说，阅读那本书是我一生中最重要的一件大事。后来，我妻子也读了那本书。那本书使一个濒于破裂的婚姻变得既快乐又幸福。如果我有 100 万美元，我会不惜巨资将那本书的版权买下，然后印它数百万册，免费送给所有的夫妇。

著名的心理学家华生博士说：“‘性’，无疑是生命中最重要的一件事。不可否认的，促使绝大多数男女婚姻生活触礁的，也正是这件事。”

假若华生博士说的话很有道理，那么，我们就不应该每年还允许千百万性无知的年轻人结婚，从而破坏无数个本应美满幸福的家庭。

如果我们希望知道婚姻生活的毛病，我们就该阅读一本名为《婚姻的毛病何在》的书，它是由汉米尔顿博士和麦克高文博士合写的。汉米尔顿博士花了 4 年的时间去调查婚姻生活的毛病究竟在哪儿，然后写下了这本书。他说：“婚姻生活的不美满，绝大部分皆可归咎于性生活的不调和。只有最差劲的精神病学家才会否认这种说法。从任何观点来看，如果性关系本身已获得满足，则另外许多婚姻生活上的矛盾都好解决。”

我知道汉米尔顿博士这句话无可批驳，因为我是从自己惨痛的经历中得到这个教训的。

他建议我放松紧张的生活节奏，还建议我随时都要想到放松——也就是在工作、开车、吃饭、入睡之前，都要想到给自己放松一下。他说，如果你不再放松自己，无异于慢性自杀。

紧张就等于慢性自杀

◇ 保罗·辛普森

在半年以前，我一直过着紧张而忙碌的生活，头脑里从来没有片刻的松弛。我每天晚上下班回到家时，总是精神萎靡，忧心忡忡，精疲力竭。这是为什么呢？因为从来没有人对我说："保罗，你正在慢性自杀。你为什么不慢慢来？你为什么不让自己放松一下？"

每天天刚破晓，我就急急忙忙地起床，匆匆忙忙地吃早餐，匆匆忙忙地刮脸，匆匆忙忙地穿衣服，然后又匆匆忙忙地开车上班。在路上，我紧紧地握住方向盘，好像它随时会飞出窗外一样。到公司后，我立即投入到紧张而忙碌的工作中。下班了又匆匆忙忙地赶回家。到了晚上，我甚至想匆匆忙忙地入睡。

这种快节奏的生活频率把我搞得身心俱疲，因此，我决定去底特律找一位非常有名的精神科专家。他建议我放松紧张的生活节奏，还建议我随时都要想到放松——也就是在工作、开车、吃饭、入睡之前，都要想到给自己放松一下。他说，如果你不再放松自己，无异于慢性自杀。

自此，我才知道我是自身的螺旋转得太快了。我开始练习如何使自己放松。我每天晚上上床睡觉时，并不急着入睡，而是先使自己的身体彻底放松，呼吸也趋向平稳。现在，我每天早上醒来都感觉得到了充分的休息。这对我来说是一大进步，因为我以前每天早上醒来时总觉得又累又紧张。而现在，我开车、吃饭时，心情也轻松愉快多了。为了安全，我驾车时提高了注意力，但是也不紧张了。

值得一提的是，我在上班时也能够让自己放松下来。一天当中，我总要将手中的工作停几次，仔细检讨自己是否已经彻底放松了。现在，当电话铃响时，我不再像以前那样急着去接听；有人对我讲话时，我也会使自己轻松得像熟睡中的婴儿一样。

现在我的生活变得轻松愉快，就像欠债的人还清了债务一般，一身轻松。

这样做的好处之一是，原先那些个别分量很难掂量的原因，经过这样分栏对比，整个问题的正反前后情况全部呈现在眼前，自然可以作更好的判断，而不至于采取轻率的步骤了。

正负烦恼应该相互抵消

◇ 本志明·富兰克林

伦敦，1772年9月17日

亲爱的先生：

由于你所问的问题对你十分重要，因此在没有充分准备的情况下，我不敢贸然告诉你一定要“怎么”去做，但我可以告诉你“如何”去解决问题。

我们之所以不知如何解决，以至于焦急烦躁，就是因为造成这些问题的“正”“反”两方面的原因，并未同时出现在我们的头脑中。有时只有部分原因自动出现，有时候另一个原因出现了，而前一个却又不见踪影，因此我们的思考就无法周详，各种困惑、烦恼同时出现，令我们十分为难。

要想克服这些困难，我的方法是：拿一张白纸，在中间画一条直线，将纸分成两栏，一边写上“正”，另一边写上“反”；然后，在两天的考虑期间，我分别把随时想到的原因简短地写在各栏内，看它是“赞成”还是“反对”。

当我把它们全部写下来之后，我开始估计每个原因的分量。

如果我发现某两个（每边一个）的分量似乎相同，我就把它们划掉。如果发现某个“正”因素相等于两个“负”的因素，那就把它们 3 个一起划掉。如果我发现两个“负”因素等于 3 个“正”因素，我就把它们 5 个全部划掉。按照这种方式，最后必能找到事情的问题所在。而如果在经过一两天更进一步的考虑之后，两方面都没有重要的原因出现，那我自然就可以得出结论了。

这样做的好处之一是，原先那些个别分量很难掂量的原因，经过这样分栏对比，整个问题的正反前后情况全部呈现在眼前，自然可以作更好的判断，而不至于采取轻率的步骤了。

诚恳希望你能做出最佳的决定。

祝福你，亲爱的朋友。

现在，我每天早晨都要为当天求得绿灯。有时我也会遇到黄灯，那么我会慢下来，轻松一下。有时，我会遇到红灯，那我会立即停止，以免造成崩溃。

每天早晨都为当天寻找绿灯

◆ 约瑟夫·柯特　推销员

我从小就有很多的烦恼，长大成人后依然没有改变。我的烦恼太多了，而且千奇百怪。这其中有些是真烦恼，但大部分却是胡思乱想。我几乎没有什么事不会烦恼的，从那时起，我就开始怀疑我是否遗漏了什么东西。

两年前，我开始了新的生活方式。这种生活方式要求我对自己的过错以及还有极少数的美德作自我分析，对我自己进行全面彻底的了解。这样一来，我就把所有烦恼的原因查明了。

原来，我的头脑里充斥着这样一些观念：我并不只是为今天而活着，我应为昨天的错误而后悔，又对将来心存恐惧。不断地有人这样告诫我："今天就是你昨天所忧虑的明天。"但这句话我一点也听不进去。

还有人建议我，尽量让自己忙碌起来，这样我就没有时间去烦恼了。这些说法尽管很有道理，但我发现很难把它们用到我身上来。

有一天，我像从黑暗中突然冲出来一般，终于找到了答案。你知道我是在哪儿找到的吗？那是在1945年5月31日晚上7点，在西北铁路公司的一个站台上。对于我来说，那是我一生中最重要的时刻，因此我一直记忆犹新。

那一天，我和太太一起送朋友上火车。他们刚度完假，准备搭乘“洛杉矶市”号快车离开。当时战争还没有结束，车站上人潮汹涌。我没有和太太走在一起，而是沿着轨道向火车头走去。我站在那里观看那闪着亮光的庞大引擎，然后把眼光移向铁道的前方，发现了一座巨大的信号灯台，当时正好显示的是黄灯。

突然，黄灯变成了绿色。这时，火车鸣起了汽笛，只听站务人员高喊一声“全部上车”，接着，在几秒钟之内，那巨大的列车开始驶出车站，开始了它长达 2300 英里的旅程。

我的大脑开始飞速旋转——火车的远行似乎要向我证明什么。这时，我经历了一次奇迹，突然感觉豁然开朗——原来那位火车司机已经为我提供了我一直都在找寻的答案。他只看见一盏绿灯，就开始了漫长的旅程。但若换了是我，我会希望整段旅程全都是绿灯。当然，这是不可能的，但是我对生活的期望却正是那样——坐在人生的车站里，结果哪儿也去不了。因为我一直向往的是那种表明幸福的前程，而这种前景似乎永远也不会出现，所以我一直都在烦恼。

我的大脑中思绪如潮：那位火车司机并没有为前面旅程中可能遇到的麻烦而忧愁。火车可能会出现延误、故障，但不正是因为有这些事情，人们才采用了信号灯系统吗？黄灯——减速，慢行；红灯——前头危险，停车。这一套制度可以保证火车安全行驶，因此是一种很好的系统。

我扪心自问，我为何不能为自己的生活制定一套良好的信号灯系统呢？其实这套系统我本来就有。这是上帝赐给我的，由他进行操纵，因此我应该能步步安全。

我开始找寻人生的绿灯。

我想我是找到了。现在，我每天早晨都要为当天求得绿灯。

有时我也会遇到黄灯，那么我会慢下来，轻松一下。有时，我会遇到红灯，那我会立即停止，以免造成崩溃。

这个奥秘的发现，使我不再有烦恼。在这两年之内，我遇到了大约七百多盏绿灯，使我不必烦恼下一盏灯是什么颜色，我的人生之旅也更为轻松愉快。

精神轻松愉快以后，不管前面的信号灯是什么颜色，我都没有以前那种惊慌失措的感觉了。

在我改变了自己的情绪之后，我的胃病也随之减轻了，有时我几乎忘了我曾患有胃溃疡。我很快就发现，从别人身上得到健康、快乐和成功是十分容易的，这就如同你很容易从他人身上得到烦恼、痛苦和失败一样。

用心灵去思考问题

◇ 亚登·夏普

5年以前，我由于心情忧虑沮丧，经常患病。医生说我得了胃溃疡，建议我节制饮食：只喝牛奶，吃鸡蛋，直到病情好转。可是我照医生说的做了，病情却没有好转的迹象。接着，我读到了一篇介绍癌症的文章，我觉得上面介绍的癌症的各种症状我似乎都有。这回我不再烦恼了，因为我完全被吓坏了。我的胃溃疡开始剧烈发作。此后的打击接连不断，陆军拒绝我入伍，认为我体检不符合要求，而我当时才只有25岁。在我本应该最强壮的时候，身体却是千疮百孔，万分虚弱。我感觉自己走到了山穷水尽的地步，前途一片黑暗。绝望中，我开始试图分析我是如何使自己陷入这种可怕境地的。慢慢地，所有事实一件件地展现在我眼前。

我原来是一名售货员，心情一直很快乐，身体也非常健康，但自从两年前战时物资开始匮乏，我不得不放弃销售工作，转到一家工厂工作。此后，我的心情就发生了变化，我看不起目前这份工作。更不幸的是我的那些同事是世界上最消极的人，他们对所有的事情都不满意，认为每件事情都不对头。他们经常咒骂工作、工资、工作时间、老板等。我认为自己也在不知不觉间学到了他们这种报复性的心态。经过思考，我逐渐明白，我的胃溃疡可能就是自己的消极想法和颓废情绪导致的。因此，我决定回到我所喜爱的工作中去，重新当一名售货员，和那些具有积极想法及建设性思想的人一同工作。

我离开工厂，回到了原来的岗位。这个决定拯救了我的生命。我又遇见了那些积极向上的朋友及同事——他们是一些快乐、乐观，不为烦恼及溃疡所苦的人。在我改变了自己的情绪之后，我的胃病也随之减轻了，有时我几乎忘了我曾患有胃溃疡。我很快就发现，从别人身上得到健康、快乐和成功是十分容易的，这就如同你很容易从他人身上得到烦恼、痛苦和失败一样。

人生给我的这次教训十分惨痛。其实我早就应该学会这些教训的。我曾多次听过或读过它，但我却以一种痛苦的方式对它有了透彻的体会。

经过这次痛苦体验，我才对耶稣基督的一句话有了深刻的认识：“只有用心灵思考的人，才能获得成功。”

获得快乐心理的方法是什么呢？最直接且最有效的办法是矫正个人的想法，并努力培养心平气和的心态。

培养心平气和的心态

在一次聚会上，我与友人谈到“如何安静地入睡”。这个话题不仅引起了大家的兴趣，同时每个人也都讲出了有价值的观点。其中有一人抱怨自己难以入眠的痛苦，他表示，整晚都会辗转反侧，以致入睡时已全身疲惫不堪。“看来，上床就寝前不宜看电视或看报纸……”他最后说，“昨晚我不停地翻身难以入睡，其实是因为伤脑筋的事不断地萦绕在脑中。”

说到这里，另一个朋友说：“上床前不宜看电视或报纸。这句话对我而言实在是警惕的话。我昨晚也同样苦苦地熬过一个失眠的夜晚……或许，睡前喝咖啡也是造成失眠的原因。”

一个观点，有人赞同，有人反对。另一个人却截然不同地说：“昨天晚上我睡得不错。我提前看看书报、电视，让自己的头脑轻松一下。我不想一些令人头脑发胀的问题，这样晚上睡得既安稳又香甜。我几乎从未有过失眠的记录，因为我有一项不败的睡眠计划。”

我不禁好奇地询问他所谓的“睡眠计划”是什么。于是他继续解释道：“在我年幼的时候，父亲总习惯在临睡前把家人聚集在一个房间里，然后诵读《圣经》中的话给我们听。直到现在，当时那种情景依然清晰如在眼前。因此，每当临睡时，耳边就响起父亲读《圣经》的声音。每晚当我读完一段《圣经》，并做完祷告之后，再上床就寝，往往能够立刻安稳入睡。”

他接着强调说：“我不会在头脑里填塞烦恼再上床睡觉的。我经常会在心情平静以后才去就寝。”

获得快乐心理的方法是什么呢？最直接且最有效的办法是矫正个人的想法，并努力培养心平气和的心态。

任何人无论在待人处世方面或个人的生活感受方面，都与本身的想法息息相关。

让心灵留下一片空白

要想有一个平和的心态，最重要的方法就是让心灵留下一片空白。

通常，我总是这样建议他人，尽量使自己的心灵呈现一片空白，一天至少两次。而所谓心灵空白，主要是指将忧虑、憎恶、不安、罪恶的情绪彻底消除掉，做到神清气平。

事实上，刻意地使心灵空白的确能有效地为人们带来心安的感受。当人们将压抑在心头的烦恼倾吐一空，或暂抛脑后时，往往能体验到解脱的快感。我有一项独特的发现：能够把心中烦闷向知心朋友倾吐的人，通常就是能够把握快乐的人。

我在一次前往檀香山的旅程中，曾在“拉赖因”号轮船上举办过一场个人演讲会。演讲最后，我这样建议道：“内心有烦恼的人，不妨走到船尾去，把烦恼的事一一说出来，然后把它们抛掷到茫茫的大海中，不再管它漂向何方，不再想它。”

这个建议乍听起来或许仿若稚语，但是当晚却有一个人跑来对我说：“我按照你的话去做了，结果觉得心中非常舒畅。这实在是件令人惊喜的事呀！”这人还继续说道：“待在船上的这段时间里，我天天在日落黄昏时刻把一切恼人的烦忧抛诸大海，直到自己觉得完全没有一丝烦恼为止。同时我将日日注视着这些烦恼消失于时间的大海里！”

当然，仅仅使心灵空白是不够的，必须加进一些内容才可以。因为人的心灵不能永远呈现空白，而毫无内涵；否则，曾经丢弃的消极想法极有可能又重新窜入你的思想之中。

因此，我们必须在心灵呈现空白的同时，立即注入富含健康快乐的想法，如此一来，那些负面的想法将无法再对你造成任何影响。久而久之，那些重新注入脑中的新想法将在你的思想中生长，而且能击退任何负面想法，届时你的心灵将永远享有平和。

温和的映象与声音的疗效

美好或温暖的画面也有助于净化心灵。你每天抽出 5～10 分钟，在头脑中幻想这样的景象：夕阳西下时分，美丽的晚霞衬映着翠绿的山峦，夕阳映照在湖面上，银光闪闪，温柔的白色浪花冲击着细软绵密的沙滩，等等。诸如此类的平和画面，能产生有如良药般的神奇功效。

通常，当人们说出温和话语时，行为必然也会自然地反映出温和的态度，于是平和之心的力量也将从中孕育而生。因此，培养自己说话温和的习惯，这也不失为一种有效的良方。你不妨一再重复那些具有激动性、积极有力的温和话语，自然而然，你便能体会到其中的奥妙变化。相反，如果你不断说出一些令人畏惧、恐慌的话语，你的心灵必将会逐渐进入神经过敏的状态，甚至意志将不由自主地日益消沉，而这种情形也将对你的身体产生负面影响。

语言创造思考

不同的谈话方式及语调也会使心灵产生不同的变化。有时当我们在言谈之间倾向神经质般的感动或失常的表现时，往往会导致情绪上的反面影响。但若能经常保持积极的言谈态度，则将带来正面的影响。

当你发现自己在言谈间有消极或失常倾向时，不妨警觉性地立刻加入正面及温和的语调及内容。这些内容对于振奋精神、克制紧张情绪具有巨大作用。譬如，早餐时消沉的谈话即常常成为当天不愉快的情绪来源。其实，当你的言谈一再倾向消沉或不吉利时，情况便可能趋向恶劣。因为言谈会影响考虑的方向，进而引导行为。因此，在一天的开始，最好以平和的言谈作为序幕，如此，相信在这一整天你将享有愉快的心情与感受，生活也必然趋向成功与充实。

以沉默和想象进行休息

每天至少抽出 15 分钟作为个人沉默的时间。每日都坚持片刻的绝对沉默，对保持心态平和很有作用。你不妨选择一个安静的地方，在那里或坐，或卧，或躺，安静地享受属于你个人的沉默时间，既不与人交谈，也不读写任何东西，尽量摒除思虑，把你的心灵置于虚空的状态中。这样，虽有时难免会产生思绪纷乱的状况，但只要你努力尝试，终能使自己的心灵如同静止的水面一般波纹不起。

紧跟着要做的是“倾听”。通常，在沉默时听到的声音大多是谐和的、美丽的。这种情况正如托马斯·克莱尔所言：“沉默是形成自然、伟大之事的要素。”

噪声越来越严重地影响着我们的心灵平和。根据一项科学实验结果显示，人们若长期处在充满噪声的环境中，其工作休息等效率均将明显降低。如果没有适度地调养生息，将使反面影响加大、加深。

此外，远处的汽车喇叭声，即使对于睡眠中的身体状态也会构成负面影响。因为这些声响会直接传达至人体的神经组织，使肌肉细胞产生反应，而这种反应经常降低人们真正的休息程度。相反，沉默却具有镇静情绪、健康身体的疗效。事实上，从全部的沉默之中得到的休息，才可称得上是完全的、真正的休息。在当今社会，想要争得片刻的沉默安静，实非易事。尤其是现在制造噪声的媒介普遍充斥，使得人们的居住空间与时间似乎永远压缩于紧张的状态中。尽管如此，假使你有时能使自己的心思沉浸于祥和、美好的想象画面中，也是很好的。在这种情况下，你心中原有的一些不高兴，往往能因此而淡化，甚至可使心灵产生奥妙无比的变化。

创造并珍惜平和经验的宝库

有一次，我与一个和谐的家庭共同度过了一个难忘的夜晚。次日清晨，我们在别具一格的餐厅内共进早餐。这个餐厅最为别致之处就在于它的四周墙壁分别挂有男主人童年生长地的乡村景观图片。图片中除了一一反映男主人的童年生活外，还有高低起伏的丘陵、暖阳照耀的山谷、涟漪荡漾的小河……从图片中令人仿佛感受到小河中的水在静静地流淌着，尤其在阳光之下更是闪闪发亮。清澈的水流越过岩石，在弯弯曲曲的径道中曲折而行。河流旁边则不规则地散落着许多小房子，而房子的中间耸立着外形如塔状的高尖教堂。

用过早餐后，男主人欣然指着壁上的画，对大家讲起他从前的快乐回忆：

“我偶尔坐在餐厅中，看着壁上的画，不禁置身于往事之中。譬如，想起小时候的我总爱赤着脚在小溪中走来走去，即使时日已远，但我仍然清楚记得在我脚下的那些泥土是多么的细软纯洁。夏天时，我们在小河边钓鱼；春天时节，我们则坐着木板从丘陵上一路滑下去。”

“在童年的记忆中，最令我难以忘怀的还有那个高高尖尖的教堂……”他脸上漾满微笑继续说着：“教堂里时时会举办盛大的布道会。尽管当时我什么也听不懂，但还会静静坐着。”

“现在想来，这也不失为一段幸福的回忆。有时，当我累了或精神紧张时，我便坐在这儿安静地观赏教堂的画。它让我重回旧时那段纯真无瑕的时光，它真的能带给我平和的心灵！”

或许并非每个人都能拥有这般美丽的童年回忆，但是任何人却都可以在自己的心中描绘这样的图画，而图画中所呈现的必须是你生命中最美的回忆。不妨试着采用这个方法，使你的生活变得更为美丽吧！不论你是怎样的忙碌、疲累，使用这个简易而独特的方法，必能为你的人生带来光明与希望。

自责之心的后遗症

我发现，那些缺乏平和之心的人，往往都是自责过重的人。其实，只要他们存有宽恕之心，情况就会有所改观。

事实上，这种类型的人多半认为自己应当受到惩罚，因此对于任何事均抱持不安感。存有这种心理，通常很难寻求平和之心。于是，如何从罪恶感的深渊中解放出来，便成为解决这个问题的根本之道。

曾有位医生写信告诉我他对这个问题的看法：根据他的实践经验与观察发现，绝大多数精神病患者都是因为本身罪恶感作祟所引起的。此外，这些患者常会在无意识中凭着过量消耗体力的疲劳活动来试图弥补自己的罪恶感。

如此一来，就造成了一种后果，那就是病患者所遭遇到的挫败及打击，其主要原因反而不在于旧时的罪恶感，而多半在于后来非正常性的疲劳因素。同时这位医生强调，假如这种类型的病患者能够极力排除本身的罪恶感心态，将会避免变相的自我疲劳，或将遇挫的程度减至最低。

其实，真正的节俭并非吝啬，而是经济地、有效率地节省用度；并非一毛不拔，是用度适当，该省的省，不该省的再多也要用，不管是金钱或物质。

不要过度节俭

作家约瑟·比林斯有一句话非常经典，他说："有些节俭是不合时宜的，比如忍着痛苦而节衣缩食就是一个例子。"

一个有钱人，他吝啬到成了金钱的奴隶。他老是为了节省 10 美分而浪费大好光阴，他常把半页未曾写过字的信纸撕下来作为稿纸。他这种浪费宝贵时间而节省细小东西的做法，其实是得不偿失的。他甚至把这种吝啬精神带到公司经营中。他对雇员们说，包扎时无论如何都要节约一些绳索，并把这一条作为公司的明文规定贴在墙上。哪怕因为这一条规定而浪费的时间要远远超过一绳一索的价值，他也在所不惜。像这一类的节省，实在不可取。

其实，真正的节俭并非吝啬，而是经济地、有效率地节省用度；并非一毛不拔，是用度适当，该省的省，不该省的再多也要用，不管是金钱或物质。

善于节俭的人与不善节俭的人是有区别的。那些不善节俭的人常常为节省 1 美分的东西而费去价值 1 美元的光阴。我从来没有见过斤斤计较于一分一厘的人取得重大成功的。真正的成功是靠理智的头脑、合理地做事取得的。

从广义上讲，节俭包含了深谋远虑和权衡利弊的因素。最聪明的节省，有时反而需要奢侈的消费。比如做大生意使用的交际费，并不是一种浪费，而是一种大度的用法，是一种前期的投资。

事实上，慷慨大度经常有助于我们实现雄心。多方面收益，促使我们在社会阶梯中稳步上升，这远比把金钱存入银行取得的价值更大。因此，欲成大业者，就应该做到深谋远虑，切勿因吝啬耽误了自己的美好前程，使机遇与自己擦肩而过。

节俭是一种美好的品质，但若行之过度，反而会成为绊脚的石头，达不到预期的效果。商人吝啬得不肯多花资金来经营，农夫吝啬得不肯在地里多播种，都是有害无益的。俗话说：“种得少，收成也不会很多。”这是很有道理的。

有一个年轻的生意人，因为过度吝啬导致了他的生意失败。他的每一套衣服和每一条领带，非到破旧不堪不肯抛弃；他从没请自己的客户吃过一顿饭；在旅行时即便与熟悉的客户偶然相遇，也从不替客户付一次旅费。于是，他落得个吝啬鬼的名声，后来竟没有一个人再与他做生意。而他却懵然不知使他蒙受极大损失的就是他过度节省的习惯。

还有一些人为了要节省些小钱，竟不惜以健康为代价。要想在职业上获得成功，必须防止不正确的节省。不论怎样贫穷，你可以在别的地方讲节省，但却不可在食物上节省。因为食物是健康的基础，也是成功的保证。

过分不当的节省常常会消耗人的体力和精力，剥夺人的健康。许多人身体患着疾病，但为了节省金钱竟不去求医。这种节省的后果是，不但身体遭受痛苦，而且因为身体虚弱，没有足够的体力和精力投注于事业，最终庸碌一生。

凡是足以阻碍我们生命前进的，不论是疾病还是其他障碍物，我们都应不惜一切代价去诊治、铲除，这是我们生命中最重要的事情。

记住：过度的节俭毫无好处，只会害了我们自己。

请记住萧伯纳说的话："人生最大的不幸，是有余暇去顾虑自己过得是否幸福。"

我终于找到了答案

◇ 德尔·休斯

1943 年，我住进了新墨西哥州阿布奎基市一家军队医院。我当时摔断了 3 根肋骨，肺部被刺穿。事情发生在海军陆战队登陆夏威夷岛的演习时，我正准备由登陆艇跳下沙滩，一个大浪打来，登陆艇倾斜，把我摔落在海滩上。我跌下去时，感到断了的肋骨刺入我的右肺。我在医院住了 3 个月后，遭受了一生中最重大的打击。医生宣告我的病情毫无进展。经过多次慎重的思考之后，我发现我之所以好不起来，是因为我太过担心了。我的日子一直过得很活跃。躺在医院的这 3 个月，我一天 24 小时平躺着，什么都不能干，只有胡思乱想。我想得越多，就越担心，担心我是否能恢复过去的日子。我更担心是否会终生瘫痪，我还能不能结婚、过正常的生活。

我请医生把我调到隔壁病房，那个病房号称"乡村俱乐部"，病人几乎没有不能做的事。在"乡村俱乐部"中，我开始对桥牌感兴趣，我花了 6 个星期学会这种游戏，跟同房病人玩桥牌，研读桥牌书籍。我几乎每天晚上都打桥牌。

我还对油画产生了兴趣。我每天下午 3 点到 5 点跟一位老师学画。我的画好到你一看就知道我画的是什么。我也练习雕肥皂与木雕，并从研究此类书籍中得到了极大的乐趣。我保持忙碌，使自己没有闲暇去烦心我的病情。我甚至还拨出时间阅读红十字会送我的心理学书籍。到了第三个月的最后一天，医院的全体医护人员来向我道贺，说我已有“惊人的进步”。这绝对是我这一生中所听到的最美妙的语言，我开心得想大叫。

我在此想说明的一点是：当我无所事事成天躺在床上，一心只担忧自己的未来时，却毫无进展。我的忧虑像一支不断注射进身体的毒药，连断了的肋骨也无法愈合。但是，一旦我不再注意自己，而开始打桥牌、画油画、刻木雕时，医生才宣告我有了“惊人的进步”。我现在过着正常而健康的生活，我的肺与常人无异。

请记住萧伯纳说的话：“人生最大的不幸，是有余暇去顾虑自己过得是否幸福。”